脑意识的量子拓扑场解释

程守华　著

吉林大学出版社

长春

图书在版编目（CIP）数据

脑意识的量子拓扑场解释 / 程守华著 . -- 长春：
吉林大学出版社 , 2020.10
ISBN 978-7-5692-8027-2

Ⅰ . ①脑… Ⅱ . ①程… Ⅲ . ①量子场论－研究 Ⅳ .
① O413.3

中国版本图书馆 CIP 数据核字 (2021) 第 022623 号

书　　名　脑意识的量子拓扑场解释
　　　　　NAOYISHI DE LIANGZI TUOPUCHANG JIESHI
作　　者：程守华 著
策划编辑：卢　婵
责任编辑：卢　婵
责任校对：单海霞
装帧设计：黄　灿
出版发行：吉林大学出版社
社　　址：长春市人民大街 4059 号
邮政编码：130021
发行电话：0431-89580028/29/21
网　　址：http://www.jlup.com.cn
电子邮箱：jdcbs@jlu.edu.cn
印　　刷：广东虎彩云印刷有限公司
开　　本：787 mm × 1092 mm　　1/16
印　　张：12
字　　数：220 千字
版　　次：2020 年 10 月　第 1 版
印　　次：2020 年 10 月　第 1 次
书　　号：ISBN 978-7-5692-8027-2
定　　价：102.00 元

前　言

　　本书是对本人从 2003 年到 2019 年攻读硕博士学位期间，与我国科学技术哲学首席科学家、博士生导师郭贵春教授，一起致力于量子场论哲学研究的成果的系统性的整理，也是本人的一个夙愿——对于脑神经的量子信息过程和自然界的量子信息过程本质上统一性的数学原理、逻辑原理和物质过程的符号化。此项研究恰好也符合了当下量子计算机和类脑神经计算机研发的物理学原理的哲学认知。量子场论是量子力学和相对论的统一理论，颠覆了量子力学的时空观、物质观和信息观，也不同于相对论的时空观、物质观和信息观，是对两者的时空观、物质观和信息观的超越，是更符合实际宇宙真实运动过程的理论知识。

　　2003 年，本人从山西大学物理电子工程学院材料物理专业毕业，因为成绩比较优异，被学院免试推荐到山西大学科学技术哲学研究中心攻读硕士学位，师从郭贵春教授。在导师的精心指导和本人的广泛而自由的探索之下，本人和导师一起选定了量子场论实在论这个物理学最前沿的研究方向。那个时候的量子场论哲学研究，国内只有一本著作，就是 2001 年洪定国教授在商务印书馆出版的《物理实在论》，在书中有大篇幅的对于量子场论的实在论的各种国外学说和他本人的研究所得的介绍。然而，量子场论作为物理学理论，在物理学学科的科研工作者那里是偏冷的研究方向。在山西大学物理理论研究国家基地内部，很多科研工作者基本上都是研究量子力学，量子场论的理论学习是不够的，只是有一定的接触，并且物理学学者本身对理论中存在的原理性的冲突也选择避而不谈，以避免理论艰涩难懂带来的研究上的困难。这是本人前往物理理论研究基地听课时和硕士、博士研究生谈心所了解的状况。而在量子场论的研究生教材的编写上，国内众多教材也存在着符号使用、公式表达上的千差万别，这里面有历史的原因，也有现实的原因。历史的原因是，物理学理论的创始人分布于欧美不同的国家，传统不同，理论创始人自己发明的符号系统存在至少两种不同的表达方式，现实的原因是国外不同高校的教学传统也是不同，因此，引进的教材五花八门。清华的学生在网络上介绍了量子场论进阶阅读专著，推荐了由浅入深至少三个阶梯的读书清单。本人也先后购买并阅读了它们，包括英文和中文的。然而，读完这些书后，本人发现，无论国内还是国外的研究，都没有一个一致的理论表达，甚至理论本身是混乱的。那么又如何给出一个统一的哲学解释呢？从国内外的各种团队关于量子场论的哲学研究缓慢而持续不断地攻关来看，国际上的科研境况普遍都不是那么轻松的。甚或在我硕士毕业参加工作后，山西大学科学技术哲学研究中心作为全国唯一的哲学研究国家重点研究基地，和华中科技大学、武汉大学的哲学博士点联合攻关，一直没有任何突破性的进展。聊堪告慰的是，我们一直在努力，从未放弃。吴新忠等翻译了波士顿大学华裔终身教授曹天予先生的博士毕业论文成书《20世纪场论的概念发展》，李继堂教授出版了《量子规范场论的解释：理论、实验、数据分析》，这些都是辅助量子场论哲学研究的重要的物理史料和哲学思考的得力入门准备。

对于学习物理学的本科毕业生，从事物理学前沿的哲学研究将面临"三大座大山"。一是物理学最前沿理论带来的对于数学符号艰涩怪异的表达上的挑战；二是物理学研究对象的抽象和没有日常生活中的现实案例比照作情景式理解的挑战，这需要强大的空间想象能力进行思想实验，弥补时空直观空白；三是对西方哲学史中各种思辨的、逻辑的、悖论的、语言的、心理学的理论的梳理统一和自成一体的无矛盾而清晰的辨识，这种对脑力的挑战是长期的，需要花费大量的时间和精力，不断精进，不断深入，才可以通达最后的制高点。硕士研究生期间的学习无疑是迷茫而压力大的，本人不堪重压，在硕士毕业后选择了"逃跑"，暂时"躲避"起来工作，聊以给紧绷的而无头绪的精神世界以清修，顺便补充了西方哲学史的全部知识，作为攻读博士学位的知识储备。

工作10年后，本人在机缘巧合下又回到硕士研究生时候的导师门下，继续量子场论哲学的研究。这个时候的我，经历了工作后单位部门主任武杰教授手把手地修改论文的耐心上的锻炼，受到本人给学生系统讲授马克思主义基本原理概论，创造学和武杰教授系统科学的影响，跨学科理论的思维综合能力有了进一步的提升。这些成为本人全面发起对物理学哲学最前沿的难题进行攻关的最强有力的理论背景支撑。另外，工作给本人提供了生活的保障，使本人得以安心地在书斋中去苦思冥想无关烟火气的宇宙真理。

2011年，本人开始了理论研究"长征"的新阶段。困难依旧在不断出现，难度也依旧看起来更高阶，信心一直没有，但是执着的坚持一直都有。研究此方向的目的，可能是心理学上的一种效应：人对自己越是不能实现的梦想越是想达成。无关名利，心理上的自我实现感是最主要的动因。

在此感谢国际上的物理学应用科学的迅猛进展带来的对物理学理论上的突破性启发。

石墨烯材料呈现出来的物质整体性物态和关键性临界状态对物态变化的重整化理论在计算机科学中的广泛呈现，为物理学最前沿领域的理解推开了一扇大门，登堂入室即刻就可以实现：美国国家科学院院士、麻省理工学院终身教授文小刚的"拓扑序"概念和拓扑量子计算与液态量子自旋霍尔的超导相图的开创性研究证实了量子场论的统一性在凝聚态物理学中的应用。凝聚态是宇宙万物的终极统一物态，不同层次、尺度的自然界的物理形态只是这种凝聚态的不同的临界相转变的呈现，而局域熵最大化是物质选择以什么样的结构组织在一起的根本原因，在生物学上叫"适应性"。这是广泛存在于各种物态的普遍现象，互相适应的跨界共生共享物质、能量、信息的交换是量子场论的根本表达。

　　研究期间，本人经历了人生的大起大落，尝尽酸甜苦辣，阅尽人生百态，但追求真善美的理想从不放弃。

　　以此为志！

　　感谢！一切都是最好的安排。

程守华

2020 年 9 月 13 日

于太原

目　录

1 量子场论建立历史、概念体系和哲学研究现状

1.1 量子场论的发展历史

量子场论是量子力学的进一步发展，也是新的世界观形成的基石。它是在量子力学与爱因斯坦（Albert Einstain）的狭义相对论相结合下产生的。虽然量子力学打开了对微观世界认识的窗口，但在高能物理的核子反应中得不到进一步的发展，究其原因，是在高能物理过程中粒子处于高速运动状态，接近光速的运动由狭义相对论来描述，而它与量子力学在概念与理解世界的方式上是有冲突的。

1.1.1 量子场论的发展脉络

1865 年，詹姆斯·克拉克·麦克斯韦（James Clerk Maxwell）发明了电磁场论，这便是人类接触到的第一个场论。它引入了一种新物质形式：电磁场。起初，物理学家们认为场需要传播介质，并假设它为以太。不久，他们发现此理论在实验验证的结论中引发一系列理解上的混乱。迈克耳孙（Albert Abraban Michelson）实验对以太的存在也给予了否决。如何协调电磁场与它的发射实体之间的行为，成为物理学中最具挑战性的问题。许多

物理学家对此问题进行了深入的探讨与论证，其中包括亨德里克·洛伦兹（Hendrik Antoon Lorentz）与亨利·庞加莱（Jules Henri Poincaré），最终爱因斯坦以狭义相对论解决了这一问题。20 世纪 40 年代，弗里曼·戴森（Freeman John Dyson）、理查德·费曼（Richard Feynman）、朱利安·施温格（Julian Schwinger）和朝永振一郎（Sinitiro Tomonaga）各自采取不同的途径解决无穷大问题，伴随这个过程产生了著名的"重正化"理论。在此基础上得到了物理学史上的第一个量子场论——量子电动力学（QED），理论所预言的基本常数与实验在小于 10^{-6} 的精确度范围内相吻合，这一方面证实了实验的精确性，另一方面也证明了理论预言的精确性。

此后，物理学家引入了定域对称性理论，围绕定域对称而展开的量子场称为规范场论，这是量子场论进一步发展的突破口。定域思想源于广义相对论，在广义相对论中定域的描述形式是灵活多变的。外尔（Hermann Weyl）在将此思想推广时提出了定域理论的"度规"① 具有多种形式。在纤维丛理论中可以将它的形式扩大化或简约化。度规形式的多样性与电磁场理论是一致的，如同引力场随位置的变化而具有不同的度规一样。外尔称此为"Eichinvarianz"，在 20 世纪 20 年代英译意指"规范不变"。弗里茨·伦敦（Fritz London）计算出电磁场相具有定域不变性，并且从定域对称思想推导出了电磁耦合。量子力学认为，物理空间点之间的不同在数学形式上表现为电子波函数相的不同，这个命名只对了一半，因为从以上规范理论的诞生过程中可以看到，理论的另一至关重要的因素就是定域对称中的"势"。在涉及物质场时，对称就是它们本质的外在体现。杨振宁曾再三指出，如果重新给规范命名，应叫作相不变。相应的，规范场应称为相场。②

1.1.2　量子场理论经验预言：粒子物理学的标准模型

量子场论的成功在于囊括了除引力外的三种基本作用。理论的经验预

---

① 度规：数学中的坐标系的物理学称呼。

② 丁亦兵. 统一之路——90 年代重大理论前沿课题［M］. 长沙：湖南科技出版社，1997.

言，就是粒子物理学的标准模型。在标准模型中，世界是一组相互作用着的场，场的类型分为两种：物质场和互作用场。它们的属性，包括自旋在内，具有很大的差异。物质场量子，称为"费米子"，是半整数自旋。电子是最为常见的费米子，自旋为 1/2。一个费米子占据一个态，这就是"泡利不相容原理"的内核。从化学周期表上可以看出，费米子是构建物质的基础。它的互作用场的量子称为"玻色子"，具有整数自旋量子数，例如光子的自旋为 1。玻色子是相容的，许多玻色子可以同时占据一个态。作为玻色子的光子，在激光发射中，激光束连续辐射包含数十亿的光子，它们就在同一态上振动。

目前公认的物质场有 12 种。每种都有它的反场，12 种物质场又可以分为三"代"，高级"代"是第一"代"的摹写，不同的是它们的量子质量更大。近来在日内瓦的 LEP 对撞机所测得的 Z 线宽证明只存在三种轻中微子，所以可能不存在第四代物质场。宇宙中的所有稳定物质都是由第一代中的电子场、上夸克场和下夸克场三种物质场构建而成。夸克是诸如质子、中子之类的核子的成分。中微子因为与任何物质都有弱相互作用不能作为物质的组成成分，而更高代的粒子也只能在宇宙射线中或加速器中观测到。

以上是物质场的情况，下面谈相互作用场。基本作用力中的电磁力将电子与原子核束缚在一起构成原子，原子通过作用力结合成分子，电磁力是固体、液体和气体属性的最终决定者。强相互作用将夸克束缚成核子，弱相互作用使核子产生衰变。核子间的作用力范围非常小，所以在日常经验中感觉不到它们的作用。在描述互作用场的理论中，互作用场与物质场永远相伴相随。电荷产生了电磁场，成为相互作用的源头。夸克的色荷产生了强相互作用。不存在无源电磁场，电子永远与它激发的电磁场相伴随。互作用使得电子与电磁场形成一个完整的动力系统，即量子电动力学体系。核子互作用系统的理论与此相仿，构成量子色动力学。基本互作用只发生在物质场和相互作用场之间，并且只发生在某一点。互作用点的耦合形式对于电磁作用和核子之间的作用是相同的。

在物理学中，"场"至少有两种含义。一种指场是一个连续的动力学系统，或者也称为一个具有无限自由度的体系。另一种指的是动力学变量，表征一个系统，或者也可以说它表达一个系统的一个特征。场是连续的，但不是无定形的。场中包含离散的点实体，每个点均是不可分割的，且每个点都拥有各自的本质特征。场的属性是具有定域性的，表现出来就是描述场的属性集中于某个点实体和它的无限小位移内。物理作用以一定的速率从一点传播到另一点。场世界是连续的、弥散的、充满着的，区别于经典力学系统粒子被空间分割的特点，互作用的传播是瞬时的。

1.1.3　量子场论的数学语言：拉格朗日函数

相对论场理论通常使用相对论拉格朗日方程式。场方程从拉格朗日密度通过数学变换得出。拉格朗日函数具有某种对称性，即在一些变换的作用下保持一些量不变，应用变分原理，可以表现为拉格朗日函数在一组无限小变换之后存在一个守恒量，这就是著名的"诺色原理"。能量、动量、角动量及电荷守恒均是用这种方法推导出来的。

如果从动量分析，则还存在几种相对论量子方程式。最为通用的是克莱因—戈尔登方程，它用于自旋为 0 的系统，而狄拉克方程则用于自旋为 1，2 的系统。一种解释是，它们是单粒子相对论波动方程，变量 x，$\Psi(x)$ 是单粒子波函数，与非相对论量子力学中的含义相同。这种解释面临两种困难：第一，克莱因—戈尔登方程不能给出一个正的概率值；第二，它的解包含负能态。第一个困难由狄拉克方程给出正的概率值而解决。第二个负能困难依旧存在。负能态使粒子不断向负能态跃迁，所以体系在相互作用中不稳定，并发生不定能量值的辐射。为了避免不确定的衰变的产生，狄拉克指出负能态完全由其他粒子占据，由此预言负能粒子海及"空穴"的存在。空穴又称反粒子，已经为人们所熟知，但是作为第一个反物质的出现，它的意义是重大的。

根据现代物理学，场系统是一个复杂的整体。连续量子系统构成了世界的基本本体，可以由几个场变量和它们的互作用量表示这些复杂的关系。

各种场可以理想化为自由场，它是力学变量，描述了互作用的一个方面。量子化程序实现了将经典理论向量子场论的过渡。通过将经典场变量 $H(x)$ 与它的共轭 $\overline{H}(x)$ 替换为满足对易关系的某种算子，便得到场理论。在物理上，许多量子场没有经典对应量。场的定域性保证了物理作用的点点连续传播，即它是相对论的，它的参量 i 是四维坐标 $\{x_i, i=1, 2, 3, 4\}$，满足狭义相对论的对称性原理及庞加莱群坐标变换的不变性。

在相对论量子场理论中，$\Psi(x)$ 与 $\varphi(x)$ 是量子力学变量，它们不是关于数字的函数，而是希尔伯特（David Hilbert）空间的算子作用量，希尔伯特空间是连续系统的所有态空间。算子是场的状态变换，算子一般不对易，因为先前发生的变换可能在它以后的变换中产生影响，变换的顺序也不能随意更改。然而，在类空区中变换彼此不会有影响，因为因果性是需要物理效应以一定速率从一点传播到另一点的。所以所有类空区中的场算子是对易的。这称为"微观因果性"，并被作为量子场论的一条基本预设确定了下来。

场形成了互作用动力系统，其中的自由场是近似于理想化的情形。互作用场黏结了现在熟知的世界的基本结构，是物质交织的纽带。定域对称场论又称规范场论。对称表现为在某些变换操作作用下的相应量的不变性。这些特点不一定是关于时空属性的。一个互作用场理论有两个对称群：时空群和定域对称群。后者是量子理论中的非时空特征，称为"相"。动力系统的相空间或态空间确定定域或非时空对称变换作用在态空间里的点。

对同位旋的探讨开始了规范场理论的迅猛发展。核作用不考虑电荷力，对于它们来说，荷电质子与中性中子只是两种相同粒子的不同态。区别它们从粒子不同自旋方向入手，同位旋方向决定了粒子是质子还是中子。这是场论的又一基本预设。自旋的所有方向构成一个三维态空间，称为自旋态空间。对称的三个元素是坐标、变换与不变性（也称为守恒量）。质子与中子的自旋规定了自旋空间的坐标轴，对称变换是同位旋旋转，不变性或守恒量表征核子的互作用的一些未命名的量。

根据定域对称原理对给定的量子电动力学的拉格朗日函数进行求导是

规范场理论中的普遍现象，对于核子互作用，作用势和它们与物质场的耦合是未知的。推理的路线提供了寻求未知特性的有效途径。简单地来说，从一个自由物质场通过以下步骤得出互作用场。

第一，将对称变换定域化。物质场相因子的对称变换由某些参量表征，这些参量是以时空位置为变量的函数，这项操作实现了将物质场每点 x 进行定域变换。x 点的邻点应用不同的相变换，关于每个点的定域场的不可分割的态空间便建立了起来。

第二，确保全域不变性，并制定相应不变量的描述语言。为保证定域的自主独立性及避免不必要的混乱，需要将作为一个整体的场的拉格朗日函数在定域变换下处理为守恒的形式，引入相应不变性的描述，并保证与场中不同点的相因子解释一致。

第三，引入互作用场。通过将它解释为物质场的相与互作用场的势之间的耦合，定域对称原理赋予这个附加术语以物理意义。势弥补了在每点的相变化，它们的耦合被视作两个场之间的互作用。这样导出的耦合形式称为最小耦合。它是普遍存在的，并且对于任何具有相同对称特点的物质场的耦合形式相同。理论发展到通过研究揭示耦合术语的结构而找出互作用场的特征。结果便是对互作用的物质进行互作用场的描绘。

场理论的表达运用了动力学理论的纤维丛方程式。四种基本作用力的理论的概念相似性在它们的纤维丛方程中严格地表现了出来。在微分几何中，纤维丛是一个重要的概念。它的形式多样，即拥有多种不同的结构形式。在与弦论的关系上，给出拓扑共形场论的形式。涉及宇宙黑洞熵的热力学的融合。

1.1.4 结语

量子场论从经典力学中的理论出发，通过量子化规则实现从经典电磁场论到量子场论的过渡。并以相应的算子表示，再与经验的观测值相结合，赋予算子以物理意义，在引入得力的数学描述工具后，体系逐渐完善起来。对自由场分析后，引入定域化思想实现对互作用场的描述，建立了规范场，自由场成为规范场的第一级近似。至此理论逻辑结构建立起来。[①]

　　薛定谔方程是伽利略变换群下的不变式——因此，这种量子力学是一种"古典量子力学"，它和"古典力学"有着相同的物理学根基——这就是"伽利略变换群"。然而，任何普适的古典的波动方程或者量子的波动力学方程，一律都不是伽利略变换群的不变式。狄拉克方程是洛伦兹变换群下的不变式——因此，这种量子力学是相对论量子力学、量子电动力学、量子场论。这一类的量子理论中所有的核心方程一律都是洛伦兹变换群下的绝对式。不论是古典电动力学，还是相对论力学，它们的核心方程也一律是洛伦兹变换群下的不变式。伽利略变换群是粒子类型的变换群，洛伦兹变换群是波动类型的变换群。把以薛定谔方程为核心的量子力学称作"粒子性的量子力学"，或称作"伽利略量子力学"，而把狄拉克方程为核心的量子力学称作"波动性的量子力学"，或者称作"洛伦兹量子力学"。全部量子力学被严格区分成性质对立的两大系列——这种情形就和经典力学一样，后者也被严格区分成性质对立的两大系列：经典粒子力学和经典波动力学。所以，薛定谔方程为核心的"伽利略量子力学"和狄拉克方程为核心的"洛伦兹量子力学"是完全不同类型的量子力学，绝对不可以混淆这两大类量子力学之间存在的深刻的物理差别：薛定谔方程所描述的量子的波函数是"粒子类型的波函数"，而狄拉克方程所描述的量子的波函数则是"波动类型的波函数"。

1.2　量子场论的概念体系

　　现代物理学的两大支柱是相对论和量子力学，相对论解释的是宏观高速物理现象，量子力学阐释的是微观低速有限数目粒子的运动规律，但量子力学不能解释粒子产生与湮灭的机制。那么，对于高速微观领域中的基本粒子运动的描述就缺乏一种有效的理论体系。这样，将量子力学和狭义

---

　　①　AUYANG S Y .How Is Quantum Field Theory Possible? ［M］. Oxford：Oxford University Press，1995.

相对论统一起来的产物——量子场论——便充当了这个角色，可重正化的量子场论（规范场论）——本质上是量子场论的后继发展。规范场论的理论体系只是重正化技巧对一部分量子场论进行成功运用下的产物。确切地来说，量子场论是物理学家在统一四种基本作用过程中的阶段性的产物，它既是成功的，也是失败的。说它成功是因为，在目前高能物理实验中，关于基本粒子的解释都是在量子场论的理论框架中进行的。说它是失败的，是因为量子场论不能将引力经过量子化操作之后统一进来，可以说这是量子化操作中最遗憾的败笔，它不是科学家想要的终极理论。这为后继的弦理论（M—理论）、超引力和超对称等可能的竞争理论提供了生存的合法权力。那么，量子场论不能进一步发展的问题究竟出在哪里？是理论体系在数学工具构建上的不完善性，还是理论中预设的哲学基础本身值得商榷呢？这引发了关于物理学哲学基础的争议。

科学元勋们发展这种理论预设的哲学基础是依照还原论，坚持世界的层次性。在这种思想驱使下，量子场论建构了标准模型，统一了除引力以外的其他基本相互作用。标准模型揭示的物理图景是关于夸克、轻子、规范玻色子、希格斯标量等的亚原子组成的运动规律和基本原理的，它不仅形象地传达着世界层次性结构的信息，而且深深地影响了现代宇宙物理学的发展，并渗透到宇宙产生、演化的现代物理概念框架中。基于此，长期以来，它被视为基础物理学（粒子物理学和宇宙物理学）的基础。但是，基于还原论的量子场论处理的物理问题，多数仅限于渐近自由粒子运动的计算，对于多粒子体系，微扰展开项比较多，理论显得颇为力不从心。

1.2.1　概念基础的形成

量子场论是早期量子力学的继续和发展。它的实验基础依然是微观物质运动的"波粒二象性"。[①] 部分原因是这个概念确实能够反映微观物质运动的一部分重要客观规律，进一步解决由波粒二象性所提出的物理理论

①　TELLER P. An Interpretive Introduction to Quantum Field Theory [M]. Princeton：Princeton University Press，1997.

问题。伴随着数学与实验的双重互动，量子场论的概念基础逐渐形成。

在狭义相对论与量子力学一起成为现代物理学的两大理论基础之后，约翰·冯·塔依曼（John von Neumann）在 1932 年将它们放在一个更为严格的数学基础上，建立了希尔伯特空间的非相对论量子力学公式。之后，量子力学发展中面临的问题是如何对量子力学进行实在论解释，这是理论进一步发展必经的一个"坎"。以量子力学的奠基者玻恩（Max Born）为首的科学家坚持波的非决定性本体论，认为物理实在是概率的、不确定的。而创立狭义相对论的爱因斯坦坚持决定论的物理实在解释。量子场论就是这两种矛盾体联姻的产物。

量子论处理原子尺度的微观现象，理论形式不符合爱因斯坦创立的狭义相对论。薛定谔方程在洛伦兹变换下不具有协变性，因此它是非相对论的方程，不能处理速率接近光速的微观体的运动。此问题在克莱因－戈尔登（Klein-Gordon）给出相对论的波动方程后告一段落。

在此基础上得到了物理学史上的第一个量子场论：量子电动力学（QED），关于电子与电磁场互作用的量子理论。在此理论中，电子以电流形式与电磁场耦合。电子间的互作用以电流间的电磁场为媒介发生耦合。出于计算上的局限，电子间互作用强度很小，近似为自由场的扰动，故实验的散射截面和衰变宽度等均表示为 Q（电量）的幂级数，计算时可以采取逐级近似，这种数学技巧称为微扰论。在微扰论中，电子互作用过程取低级近似以实现光子交换。实验中可观察的粒子为初态和末态，中间态粒子寿命极短，被称为虚粒子。理论所预言的基本常数与实验所得在小于 10^{-6} 的精确度范围内相吻合，这一方面证实了实验惊人的精确性，另一方面也证明了理论预言的精确性。[①]

在高一级计算中，特别是电子与自己的场互作用中，奥本海默（Julius Robert Oppenheimer）发现对一个虚光子动量的积分值为无穷大，即在最低

① AO T Y. Conceptual foundations of quantum field theory [M]. Cambridge：Cambridge University Press，1999.

级近似计算中电子质量（电子与自场的互作用称为电子的自能，也即电子的质量）为无穷大。20世纪40年代，弗里曼·戴森、理查德·费曼、朱利安·施温格和朝永振一郎各自采取不同的途径解决无穷大问题，伴随这个过程产生了著名的"重正化"理论。

在20世纪60年代以后，谢尔登·格拉肖（Sheldon Lee Glashow）、阿卜杜勒·萨拉姆（Abdus Salam Award）和史蒂文·温伯格（Steven I Weinberg）将电磁作用与弱作用统一为电弱作用。1971年，杰拉德·胡夫特（Gerard 't Hooft）证明此理论可被重正化，沿此线索人们建立了在物理学史上具有里程碑意义的规范理论。20世纪70年代，引入渐进自由思想，并由此提出夸克禁闭理论。强相互作用的载体是夸克，夸克在小于10^{-14} m半径范围里相对自由，但一旦超出此范围，它们不能被分裂成独立的粒子，称为"夸克禁闭"，用量子色动力学描述。

至此，量子场论的大致发展脉络已呈现在眼前。它的成功在于囊括了除引力外的三种基本作用（加上马约拉纳粒子以及真空效应和引力效应）。

1.2.2　量子场论的主要概念

量子场论从经典力学中的理论出发，通过量子化规则实现从经典电磁场论到量子场论的过渡，并以相应的算子表示，再与经验的观测值相结合，赋予算子以物理意义，在引入得力的数学描述工具后，体系逐渐完善起来。在对自由场分析后，引入定域化思想，实现了对互作用场的描述，建立了规范场。自由场成为规范场的第一级近似，至此，量子场论的理论逻辑结构建立起来了。量子场论中引入的最引人注目的基本概念主要是围绕"量子化"操作建立起来的，按照理论发展的先后顺序，分别为"场粒二象性""一次量子化""二次量子化"（或称为"场量子化"）、重正化。

（1）"场粒二象性"

对于量子场论的建立，人们普遍认同的解释是：在闵可夫斯基（Hermann Minkowski）空间中存在两种等价的构建定域量子场论的途径。第一种建构途径始于维格纳（Alfred Lothar Wegener）定义的庞加莱群表征的不可还原性单粒子态，通过建构福克空间引进了升降算子及傅里叶变换得到的决定位置量的定域场算子。另一种途径始于经典场理论，基于这样的假设——场和动量满足标准经典对易关系，在福克空间上通过增大或降低算子值操作确定场的傅里叶系数。

（2）"一次量子化"与"场量子化"

与量子场论粒子图景、场图景两种概念结构相伴发展起来的数学结构也相应地采取了两种构造途径：一种来自多粒子玻色 – 爱因斯坦统计理论，另一种来自被视为"经典"场的单粒子薛定谔方程[①]。

第一种途径：经典力学 $\xrightarrow{\text{自由度拓展到无穷维}}$ 经典量子场 $\xrightarrow{\text{经典对易关系}}$ 量子场论。

这种途径采取的策略是：第一步，将给定经典场理论量子化；第二步，通过"二次量子化"实现经典量子场的量子化。这两步都是狄拉克（Paul Adrien Maurice Dirac）的功绩。量子化程序实现了将经典理论向量子场论的过渡。理论发展经历了将三维空间中单粒子方程直接推广为 3N 维空间的多粒子方程，通过场量子化（算符场变换）及二次量子化（表象变换）获得的量子场论本质是三维空间中粒子数表象。从这一关系可以看出，量子场论方法或算符场方法是利用单粒子理论得到多粒子理论的一种数学方法。"狄拉克的二次量子化和量子场概念，超越了互补原理，将波粒两种图像真正统一了起来。"[②]

第二种途径：经典力学 $\xrightarrow{\text{一次量子化}}$ 量子力学 $\xrightarrow{\text{经典对易关系}}$ 量子场论。

这种途径遵循的程序是：第一步，从经典力学经过"一次量子化"程序引入算子，发展了量子力学；第二步，对量子力学进行"二次量子化"程序操作，发展量子场论。理论发展经历了从 3N 维配置空间中的多粒子方程经表象变换而得到三维空间中粒子数表象的理论。可见，这种方法完

---

① HONES M J. Scientific realism and experimental practice in high-energy physics [J]. Synthese, 1991, 86（1）: 29-60.

② SUNNY AUYANG. How is quantum field theory possible? [M]. Oxford: Oxford University Press, 1995.

全等价于利用单粒子理论得到多粒子的量子场论方法或算符场方法。这两种途径可以形成以下的闭合图：

① 多粒子量子力学在数学上与量子场论图式相等价。

② 存在两种通往量子场论的权威途径。这两种途径给出量子场的两种本体论特征——波或场。

③ 相对论量子场论产生的影响是：狭义相对论需要量子场论的存在。

可见，相对论量子力学是一个自身不断变化的理论，从量子场论到相对论可以自然得出：通过将非相对论薛定谔场量子化，到达非相对论量子场论。从电磁场到薛定谔波函数，再到拉格朗日函数，数学的建构经历了一次量子化与场量子化（二次量子化）。一次量子化的本意是指不再用相空间函数的数字来表示物理量，不同于经典物理学中物理量用数字来表示。在量子论中，函数表示物理量，相空间代替了数字，数字表示态中的量值。用满足某些对易关系的非对易算子来表示物理量。数字以一种崭新的面貌重新出现在物理学中：本征值、概率值、更广的意义——间接的物理期望值。总而言之，对经典理论进行一次量子化就是用满足一定对易关系的算子代替数字变量的函数来表达物理量。

对于一个旧的量子波动力学方程来说，新形式的态函数是具有复杂性值的时空函数。例如，对于算子 $\hat{O}$ 来说，算子 $\hat{O}$ 在态 $\Psi(x_t)$ 上的期望值由内积来表示。在一个更为广义的形式上来看，波函数表征了在一个位置上的态。在狄拉克的定义中，有

$$\Psi(x) = (x|\Psi)。$$

针对"场量子化"（二次量子化），狄拉克对哪种场应被量子化的问题做了许多工作。他区分了薛定谔波与概率波，并将它们与粒子联系起来；区分了真实的波与薛定谔波，并指出没有与电子相联系的物质波的存在。他考虑了电磁场与薛定谔波函数的区别，认为薛定谔波函数纯粹从形式上来看，也可以看作一种场。然而，薛定谔场的波动方程描述了与真实的电磁场相冲突的数学量，造成无法与实在相对应的困难，是在数学上无法想象与理解的。经典量子化方法是可以用于真实经典的场以及薛定谔场的，

但从这个意义上来说，二次量子化仅仅意味着"场量子化"。场量子化实现后，使用产生和湮灭算符，费米子的场理论便建立起来了。对薛定谔场量子化的费解实际上是因为薛定谔场是量子化操作产生的场。

早期量子场论的奠基者不久便意识到一个很重要的事实：多粒子量子力学在数学上与量子场论的理论形式相等价。所以最终的结论是，虽然两种通往量子场论的途径在数学上相等价，但是体现在理论发展中的思想是不同的。第一种发展方式的特征是从对波或场的分析入手，第二种发展方式是从对粒子的分析入手。将经典的量子化概念普及并应用于场理论的思想是与牛顿力学相对应的。这对量子场论的进一步发展——相对论量子场论的产生与发展的影响是：狭义相对论需要量子场论的存在，出于质能转换的需求——$E=mc^2$，在基本粒子层面，通过福克空间的阶梯算符的升降来实现场量子的产生和湮灭。

（3）重正化概念

为了协调量子力学与相对论，狄拉克、约旦（Jordan）、维格纳（Alfred Lothar Wegener）、海森堡（Werner Karl Heisenberg）和泡利（Wolfgang E.Pauli）等人创立了量子场论。他们考虑用二次量子化的场，即一种包含粒子产生和湮灭算符的时空函数，来表示基本粒子，从而实现点粒子描述和具有广延性质的物质场描述的统一性。这种表述与原有的量子力学相比有了巨大的进步，但是在数学上，量子场论系统拥有无穷多的自由度，这使得量子场论自诞生以来就面临重重困难。量子场论的第一个里程碑是描述电磁相互作用的量子电动力学，它精确地描述了正负电子与光子之间的相互作用。量子电动力学描述的相互作用是较弱的，人们试图对其进行逐级微扰展开求解，但却发现高阶修正是无穷大，这种无穷大和量子场论所描述的系统具有无穷自由度有关。为了消除这样一些发散项，在 20 世纪 40 年代末，贝特（HansBethe）、施温格、朝永振一郎、费曼、戴森等人引入了一种被称为重正化的方法，发展了重正化理论，部分地解决了这一难题。

重正化的基本思想是把一些发散项吸收到一些基本"常"量中去，而一些无穷大的常量却是永远观测不到的，所观测到的只是那样一些经过重正化了的有限大小的量。在重正化方法的基础上，量子电动力学逐渐成了一个非常精确地与实验符合的优秀理论。重正化方法从此有了非常成功的开端，施温格、朝永振一郎、费曼因为这项工作一起获得了 1965 年的诺贝尔物理学奖。尽管量子电动力学已被认识到是一个可重正化的规范理论，但是这样的一种方法并不是对任何一种理论都适用。如果一个理论中的基本发散项随着微扰的展开越来越多的话，那么就无法将所有的发散项全部吸收到有限的几个基本常量中去。这样的一种理论是无法重正化的。非阿贝尔规范场论的提出，是量子场论又一个里程碑式的成就，它是一个描述所有粒子相互作用的基本框架。严格证明这种理论是否能被重正化，在很长一段时间内是没有得到解决的问题。[①] 直到 20 世纪 70 年代初，这样的一个难题方被胡夫特和韦尔特曼（Martinus J.G. Veltman）攻克。他们证明了当时基于规范理论的其他统一模型，都是可重正化的。他们的这项工作，意义重大，使杨 - 米尔斯理论又一次焕发出了活力，也使重正化方法更加得到认可。1999 年，胡夫特和韦尔特曼荣获了诺贝尔物理学奖。人们相信，描述强、弱和电磁三种相互作用的量子场论（包括量子电动力学和量子色动力学），都是可以重正化的。

随着高能加速器的能量不断提高，人们对于物质世界的微观结构越来越清楚，多年理论和实验的努力终于形成了所谓粒子物理的"标准模型"。它在非阿贝尔规范场论的框架下，统一描述了人类已知的标准模型的粒子谱以及相互作用中的三种作用——强、弱和电磁相互作用。

（4）真空或基态

在量子场论里，真空是基态 $|0\rangle$ 或者物理世界里的能量最低态。一个不可分割的自由场，真空期望值是 0，它的特殊性使它存在于任何模态中。场算子的真空期望值消失了，$\langle\Psi\rangle_0 \equiv \langle 0|\Psi(x)|=0$。然而，场算子的平方拥有非 0 均值，$\langle\Psi\rangle_0 \equiv \langle 0|\Psi(x)|\neq 0$。未消失的平方均值就是

---

① CAO T Y, SCHWEBER S S, The conceptual foundations and the philosophical aspects of renormalization theory [J]. Synthese, 1993, 97 (1): 33-108.

真空的波动产生了物理观测值。例如，它们造成了兰姆位移，即氢原子的 $2s\frac{1}{2}$ 与 $2p\frac{1}{2}$ 态的分裂。

在相互作用场系统中，不是所有场在体系的基态中必须拥有能量为 0 的平均值，有些未消失的标量场在基态系统中去解释某些互作用场所产生的确定质量是至关重要的。考虑一个有效势能 $V(\Psi)$ 的系统，势的最小值在 $(\Psi)_0 \equiv 0$ 处，场的能量值的平均在基态消失了，这是不能被分解的态，所以，基态在任何场都出现。

还存在有效势最小值不在 $(\Psi)_0 \equiv 0$ 处的情形，其在某个具有确定能量值的地方，对应的态为 $(\Psi)_0 \equiv \Psi_0$。此时，基态成为可以被分解的态，即存在许多满足最小能量状态的可能模态。如果计算系统的拉格朗日函数，会发现 Ψ 是转动对称的，然而，尽管场中存在 Ψ_0，旋转对称却不能由场表现出来，这种现象就是拉格朗日函数的对称性，由于其不能在场系统中实际表现出来，所以称为"自发对称破缺"。标场引发的对称破缺场一般称为希格斯场，希格斯场重构了场的基态，并且场的质量随着它的相互作用发生改变。

（5）马约拉纳费米子

马约拉纳费米子（Majorana fermion）是一种费米子，它的反粒子就是它本身，1937 年，埃托雷·马约拉纳（Ettore Majorana）发表论文假想这种粒子存在，因此而命名。与之相异，狄拉克费米子，指的是反粒子与自身不同的费米子。除了中微子以外，所有标准模型的费米子的物理行为在低能量状况与狄拉克费米子雷同（在电弱对称性破坏后），但是中微子的本质尚未确定，中微子可能是狄拉克费米子或马约拉纳费米子。在凝聚态物理学里，马约拉纳费米子以准粒子激发的形式存在于超导体里，它可以用来形成具有非阿贝尔统计的马约拉纳束缚态。这一概念由马约拉纳于 1937 年提出，他对狄拉克方程改写得到了马约拉纳方程，可以描述中性自旋 1/2 粒子，因而满足这一方程的粒子为自身的反粒子。假若中微子确为马约拉纳费米子，则产生的两个中微子会立刻相互湮没，因为它们彼此都是对方的反粒子。目前已有实验在寻找这类衰变的踪迹。马约拉纳费米子不能拥有电矩或磁矩，只能拥有环矩。由于与电磁场的相互作用非常微小，它是冷暗物质的可能候选。超对称模型中假想的中性微子是马约拉纳费米子。

（6）准粒子

在超导材料中马约拉纳费米子可作为准粒子产生。在超导体里准粒子是自己的反粒子，因此使得这行为可以发生。超导体会规定电子－空穴对称于准粒子激发，关联在一起。当能量（费米能级）E 为零时，$\gamma = \gamma\dagger$，马约拉纳费米子会束缚于某个缺陷，整个物体称为"马约拉纳束缚态"或"马约拉纳零模"。这些物体不再遵守费米统计，而是非阿贝尔统计（non-Abelian statistics）的任意子，变换次序会改变系统的状态。马约拉纳束缚态所遵守的非阿贝尔统计使得它们有可能被应用于拓扑量子计算机。

由于费米能级位于超导能隙中，因而出现中间能隙态（midgap state）。中间能隙态可能被俘获于某些超导体或超流体的量子涡旋中，因此可能是马约拉纳费米子的发源处。另外，超导线的端点或超导线缺陷处的肖克利态也可能是马约拉纳费米子的纯电系发源处。另外还可以用分数量子霍尔效应替代超导体为马约拉纳费米子的发源。

（7）量子和旋量

运动总可以分解为平动（translation）与转动（rotation）。也就是说矢量的算法不过是加法和乘法（分为内积和外积）。牛顿第一定律宣称完全自主的物体保持静止或者做匀速直线运动。这实际上是伽利略（Galileo Galilei）的惯性定律，是一个抽象而来的结论，实际观察到的运动抛开星云、洋流这样的大尺度多体体系，单个质点的运动都必有转弯（turning）的迹象。有限空间内的持续运动，转弯是必然的，总表现为转动。在高维空间里的单联通运动轨迹，本质上是一条（直）线，其上的运动本质上还是一维的。一维空间里，运动只有前行和掉头。前行是平移，掉头是个非连续的操作。量子意义下的 spin（自旋）在一个抽象空间里，转动是高维空间里的。

二维空间里就可以有转动，相应地有了数学的乘法操作。1861 年，麦克斯韦电磁感应的概念模型，是由磁通的自转小格子（tiny spinning cells）组成的。1862 年他又增补位移电流、法拉第效应，即磁场造成的光偏振方向的转动。法国物理学家 Dominique François Jean Arago 发现一些石英晶体能够连续地转动光的电矢量。他还发现转动的金属盘会和磁铁发生联动，他称之为"magnetism of rotation"，今天知道是因为在磁场中转动的金属里面产生了涡流（eddy current）。规则的 rotation 常会画出闭合的曲线 loop。circle 是圆，circumference 是圆周，circumrotate 是绕着圈地转动，circumgyrate 是绕着圈地回旋。描述 circumgyration 要用三个自由度：roll，pitch 和 yaw 姿态角。三个转轴分别为 longitudinal（纵向的）、vertical（垂直的）和 lateral（侧向的）。转动是球到球的线性映射。转动构成一个群，n 维实空间的情形，群是 $O(n)$ 群；n 维复空间的情形，群是 $U(n)$ 群。如果表示转动的矩阵的特征值为 1，则群分别是 $SO(n)$ 群和 $SU(n)$ 群。群变换就是一种抽象转动。$SU(3)$ 的一个不可约表示是八维的；转动一个维度上的粒子会把它变成另一个维度上的粒子，由此有了粒子物理中八正态的概念。转动群的表示转动生成元（generators of rotations）、无穷小转动（infinitesimal rotations）和无穷小转动张量（infinitesimal rotation tensor）都是重要的概念。群论发掘出了太多关于转动的知识，赫尔曼·外尔认为物理系统的动理学结构可表达为系统空间中的幺转动的不可约阿贝尔群。这个群的代数的实元素对应系统的物理量。以系统空间的转动对抽象群进行表示，将每一个那样的（物理）量同一个表示了它的厄米形式相联系。卡西米尔（Hendrik Casimir）坦承 1931 年的论文《量子力学中的刚体转动》（Rotation of a Rigid Body in Quantum Mechanics）受到了外尔工作的启发。

欧拉力学提供了刚体转动的力学理论，拉格朗日力学也受益于欧拉力学的刚体转动运动方程。特鲁斯德尔（Clifford Truesdell）分析发现欧拉力学的缺陷在于对连续介质一般转动的无能为力。克利福德·沙尔（Clifford Shull）代数能带来完备的关于转动的描述，几何代数（克利福德代数的特例）的操作具有镜面反射、转动、平移的效果，能将几何对象映射到新位置。Yotation 之于平动，是乘积，是混合。但是对于各向同性的空间或者同样的对象没有多大的意义。混合不同的东西，比如克利福德代数那样，其加法可以混合不同质的对象。

（8）量子力学和相对论的转动

洛伦兹变换、李代数、狄拉克方程都是关于转动的理论。量子运动方程是转动，$dA/dt = i(HA - AH)$，$A(t) = e^{iHt} A(0) e^{-iHt}$，转动是由幺阵 e^{iHt} 的共轭算法实现的。相应地，状态的时间依赖为 $|\psi(t)\rangle = e^{-iHt}|\psi(0)\rangle$。在转动之下，经典几何对象可以被分为标量、矢量和高阶张量。显然，物理量是依据转动下的行为来分类的。量子力学要求希尔伯特空间中的状态无需在转动群的表示下变换，而只需在投影表示下变换。转动群的投影表示之外的那部分是 spinor，而量子态可以作为张量和旋量进行变换。一般量子力学教科书中的数学，其实都是在谈论二阶微分算符在不同对称性下的本征值和本征函数问题。三维空间、球对称，转动部分的解为调和函数，多项式独立解一定是自变量的齐次函数。四维时空的洛伦兹变换包括三维转动和 boost（推进）。Boost 是具有不同速度的参照框架之间的变换，数学上类似转动。其实，就是在坐标（it, x），时间 t 表示为虚数，之间的正常转动（这是洛伦兹 1908 年引入的表示）。新的时空（it, x）只有空间型的方向（spatial directions），是欧几里得空间。如果把转动角表示为 $\text{tg}\,\theta = iv/c$，其中 v 是参考系间的相对速度，则两次转动的乘积给出速度相加的公式。洛伦兹变换的处理，也被称为 pseudo-Euclidean 空间中的转动或者双曲转动（hyperbolic rotation）。如果参照系相对另一参照系转动，狭义相对论得出的结论是转动体系的几何不可能是欧几里得的。这个结论的全部内含不容易在广义相对论下导出。广义相对论从一开始就要严肃对待转动，相对论语境下的转动，坐标系转过一个角度的变换同一个参照框架在转动这种运动过程，是两回事。Roger Penrose 和 James Terrell 分别认识到以近光速前行（travelling）的物体，会遭遇特殊的斜转动（skewing or rotation）。skewing，歪斜，有 skew-symmetry 的说法。[①]

---

① STREATER R F, WIGHTMAN A S. PCT, spin and statistics, and all that [M].New York: W. A. Benjamin, 1964.

（9）拓扑斯和量子拓扑

① 量子旋量构成物质的分形的微观物质基础。[①] 量子旋量可以定义为自旋和周期性进动的旋量，比如类似中公转等。周期性的运动造成量子的离散性，旋量之间的耦合又造成连续性的物质整体结构。物质结构化在于能量的分配的势能优化。因此，测量难题的本质其实是对旋量的相的值的瞬间捕捉。旋量本身只能是运动的量，波函数本质描述的是转动的周期性特征。11 维的物质运动是空间的三维基础上的膨胀、压缩、自旋和公转多个维度的运动构成的。

② 量子旋量构成物质的分形的宏观物质基础[②]。随机性的贝叶斯概率分布的拓扑结构的研究表明，物质的分形结构的形成是复杂性系统的根本特征，也是微观物质、宏观物质、宇观物质和脑结构的统一性特征。

1.2.3　数学的和物理的区别

物理学研究的是具体的自然的物理边界条件，数学是大脑的模拟，模拟具有理想性，往往缺乏物理的边界性制约条件的分析。

数学的和物理的量子场论是完全不同的理论，即，存在两种量子场理论，它们具有相同的名字是出于历史的原因。数学关注的是建立在公理化系统结构上，并要求在无限大的系统内都自洽，既在红外又在紫外的范围内。目前物理学家采用的理论是定义了有效性的，通常计算时需要考虑有效能级。在更小的级数内无法实现自洽性，要求必须在某个能量值之上。

四维量子场论不能满足所有的要求，尽管单纯的杨－米尔斯理论最终作为一个自洽的理论而存在。标准模型又是具有怎样的地位呢？有两种可能。要么这只是个时间的问题，需要将各种要素集合起来而提供一个数学

① OŠMERA senior P, OŠMERA junior P. Fractal Models of Atoms and Molecules [M] // ABRAHAM A, CHEN G R, SNASEL V, et al. Nostradamus 2014: Prediction, Modeling and Analysis of Complex Systems. New York: Springer Internationd Publishing, 2014: 429-438.

② ASIKAINEN J, AHARONY A, MANDELBROTB B, et al. Fractal geometry of critical Potts clusters [J]. The European Physical Journal B: Condensed Matter and Complex Systems, 2003, 34 (4): 479-487.

上自洽的四维量子场论（Quantum field theory，QFT）去描述（粒子）标准模型（Standard model，SM），要么这种理论根本不存在。一个可能的反应是将候选理论放入一个拥有更多自由度的体系中，即，附加场中重新检测扩大的体系的自洽性。然而，从逻辑出发有可能出现不能实现自洽的四维QFT。在物理学家看来，构造一个理论关系与实现对高能级次的物理描述策略是一致的。将量子电动力学置入标准模型中，最终的场理论在数学角度是，如此小的尺度内并不是自洽的。面临量子引力效应时，自洽的定义又要发生变化。

　　Jackiw 认为由 QFT 的无限大量所携带的信息为反常和自发对称破缺。在 QFT 中紫外发散不能被视为棘手的缺陷，而仅仅是可以得到物理结果的一个特征。然而，从他的分析不能得到这样的结论，没有紫外无限大的理论不能用于描述反常和自发对称破缺的物理现象。这种现象在没有紫外发散困难时可以被调解；弦理论再一次提供了一个范例，尽管用于描述现象的语言是不同的。尽管紫外发散是定域 QFT 或有效场理论的一个重要特征，但是对于描述物理学却是不必要的。物理学家的职责不仅仅是数学的。在理解中依旧包含有量子力学的预设。尽管定域问题已经不具神圣性。数学家所谓的场理论尽管不具一致性，但仍具有存在的价值，只要具备对现象计算上的精确性。在数学上，认为对数学上的四维 QFT 的一致性的考察是很有价值的，但是对粒子物理学家却不是这样的，所以数学和物理的场理论是很不同的。

1.3　量子场论的哲学问题概述

　　量子场论是现代物理学的支柱之一。通过与其他领域的物理学比较，它在物理哲学方面获得的关注相对比较少。最近一些比较年轻的学者，包括著名的专家，对从 QFT 中引发的基础问题的理解做出了贡献。QFT 内在地秉承了与量子力学相关的传统问题，可以追踪到态空间的希尔伯特空间结构和幺正的动力演化。但是其有着自身不同的问题，例如：（a）

QFT 中粒子的命运；（b）重正化技巧的地位；（c）规范的本性和其他的对称性。Western Ontario 大学在 2009 年举办了一场 QFT 哲学专场学术会议，将许多哲学家在这方面的工作汇聚在一起，并在讲习班上展示了许多这方面的论文，对 QFT 的基础问题给出各种不同的技术的和哲学的图景。①

关于 QFT 的可能的解释，作为研究的第一步：哪个 QFT 版本才是合适的研究目标？一个深刻的分歧将公理化方法和大部分实验物理学家运用的方法分割开。物理史学家给出几个例子，表明不同形式的理论是一个等价表达。但是不同方法的融通不能简单地获得。传统的量子场论 CQFT 给人印象深刻的是其经验的成功。这个成功最初被称为"重正化"技巧，被视为"戏法"。② 公理化 QFT 的建立部分地是为了解决对此的不满，这样的情绪表现在 Streater 和 Wightman "灭了它还是治愈它"路径中。他们的目的是建立一个好的公理化的与 CQFT 对应的理论，并评估是否存在公理化模型，但是对于成功的经典量子场论（classical quantum field theory，CQFT）仍旧不存在代数量子场论（algorithm quantum field theory，AQFT）模型，诸如量子电动力学。2011 年之后的理论物理学和实验物理学的形势显然已经发生了变化。AQFT 的研究进展迅猛而成果丰硕。

Doreen Fraser 和 David Wallace 争论是否属于欠当的起点：对于基础研究，在任意小距离上，将代数量子场论和经典量子场论根据处理场自由度的不同方法作重要的区分。CQFT 将这些处理为在一个截止尺度下的冻结，然而 AQFT 坚持庞加莱协变性，通过将观察量代数赋予任意小的时空区域上。Wallace 将这两个看作不同的研究框架，体现不同的对重正化的问题的回应，然而 Fraser 认为冲突来自两种不同方法中的理论原理的不同。这样形成大概的两种不同哲学基础的认识，展现了物理哲学家在解释目标上采

① HUGGETT N. Philosophical Foundations of Quantum Field Theory ［M］// CLARK P，HAWLEY K. Philosophy of Science Today. Oxford：Oxford University Press，2003：255–275.

② SMEENKA C，MYRVOLD W C .Introduction：Philosophy of Quantum Field Theory ［J］. Studies in History and Philosophy of Modern Physics，2011，42（2）：77–80.

取的不同立场。但是达成一致的认识是，Fraser 支持 AQFT，Wallace 支持 CQFT，都表现了问题集中在对基础研究的焦点问题——"严肃对待粒子物理学"。①

Fraser 诉诸 AQFT 案例上采纳"非奇迹论证以及非充分决定性论调"，表明在 AQFT 和 CQFT 的选择上存在经验证据的局限性，假定对短距离上的物理学的各种不同刻画得到更低能级上的相同的经验结果。她给这个争论一个新的变化，称为"近备选论证"（对比于无关联的备选）。AQFT 仅仅是 CQFT 的近备选，但是，到目前 AQFT 的实在模型已经越来越多地存在。这样的模型的建立是经验地等价于 CQFT，在预测同样的 S 矩阵元素上，但是体现了不同的理论原理背后的共同性。理论的原理在 AQFT 中的比在 CQFT 中的更合理，前者牢牢根植于相对论和非相对论量子力学的洞见的基础的意义上。②

Wallace 的观点是物理学家们现在已经获得了一个满意的重正化方面的理解，取消了建立 AQFT 范式的主要动机。他简单地总结并定义了重正化的现代的理解基于重正化群技巧，由 Kadanoff、Wilson 和其他人在 20 世纪 70 年代引进的。根据这个观点，QFT 可以概略地按照像凝聚态物理一样的方式去理解：有着物理的原因去提出场自由度在某些充实小的长度尺度下"冻结""截止"。重正化群技巧建立了这个截止的，不仅表现在参量的重新调节，还在有效拉格朗日函数中描述低能量物理学。Wallace 对 Fraser 的直接回应是，提出这些思想解决了面对更早时候的 QFT 的形式化，

① DOREEN FRASER. How to take particle physics seriously: A further defence of axiomatic quantum field theory [J]. Studies in History and Philosophy of Science Part B: Studies in History and Philosophy of Modern Physics, 2011, 42（2）: 126-135; DAVID WALLACE. Take particle physics seriously: A critic for the axiomatic quantum field theory [J]. Studies in History and Philosophy of Modern Physics, 2010（41）: 1-13; CAO T. The Conceptual foundations of quantum field theory [M]. Cambridge: Cambridge University Press, 1999. 关于两位学者的学术论战详见程守华. 基于量子场论的非充分决定性论题反思——以发散问题两种解决方案的哲学争议为例 [J]. 科学技术哲学研究，2019（3）: 59-62.

② KUHLMANN M, LYRE H, Wayne A. Ontological aspects of quantum field theory [M]. Singapore: World Scientific, 2002.

并给出满意的理解其"理论原理"。他通过提出几个 CQFT 的成功提出对 AQFT 的挑战，这几个成功都是在重正化分时的理解基础上形成的。最后，Wallace 的 AQFT 范式的观点包含了一个无根据的积极的认可物理学在任意小长度尺度上，相比于 CQFT 的弱的不可知论。事实上，凝聚态物理的发展更证实了这种方法在理论上的正确性和经验上的统一性。

Fraser 和 Wallace 之间的分歧是关于重正化群的。Fraser 的观点在于采用 AQFT 作为基础工作的起点，加入对重正化群技巧运用的批判性评估上。与 Wallace 相对立的是，她认为尽管这些方法有助于澄清 QFT 的经验内容，他们确实解决了 CQFT 的困难。但是，重正化群技巧的运用在凝聚态物理和粒子物理运用之间的相似性不能给出 Wallace 所指出的物理学之间的类比的主张。对这个争论的进一步的讨论是非充实决定性。在什么意义上 QFT 的"理论原理"与理论的经验内容脱离，作为尺度分割的结果，允许重正化技巧的使用？为什么不是运用理论原理作为成功的经验的 QFT 运用中展示出来的，并采用分离和澄清这些原理的方案？

Fraser 和 Wallace 的观点都是有力的。他们的交流是关注于在关于 QFT 的反思上，物理哲学家采用了哪种方案。哲学需要一个更高级的严格性，比起物理学家的工作，如果是这样，原因是什么呢？哲学家得到了什么，丢失了什么，通过聚焦于 AQFT 而非 CQFT ？ CQFT 的解释工作怎样不同于其他物理理论的工作？

Ruestche 的论文关注于无限维量子力学中启发的解释谜团。在无限维度量子系统中，作用在希尔伯特空间上的算子的设计满足了经典对易关系，刻画唯一对应于幺正等价的系统。但是无限维度系统，诸如在 QFT 中被研究的和在量子统计力学中被研究的，允许幺不等价表征。研究 QFT 的这个方面以及相关的解释性问题，关于代数方法的争议没有必要性。Ruestche 已经揭示了其他方面的幺（unitarily）不等价表征的存在，但是她主要研究非正规态的地位。比起熟知的希尔伯特空间基于非相对论的 QM 的说明，代数方法运用了更一般性的态的概念。态被引入作为观察量代数的函数。冯·诺依曼代数，一种特殊的代数类型被用在全域观察量的表征中，配以拓扑，允许更进一步的区别：态作为连续的与这个额外的拓扑被称为是正规的，这些对应于态，可数可加。但是，正如 Ruestche 所解释的，非正规的态在 QFT 的各种语境中和量子统计中出现。QFT 的哪个解释与这个态有关？在 Ruestche 情况中，存在理由去将它们视为物理态：冯·诺依曼代数关联着开放的，有界的时空区域在 AQFT 中缺乏纯的、正规的态——它们是"非原子的"，按照 Ruestche 的话来说，纯态是对于量子态优先的表征工具。出于它们的极大值这个表征不能被满足，除非允许非正规的态去发挥作用。但是另一方面，非正规态有着各种特点，看似妨碍它们成为物理的。简单地说，它们以非正规态的意义动力地隔离，是态不能幺地演化成一个正规态。它们也不能是事实上的类规律的关系，正如 Ruestche 在简单的定域态的例子中，从不同观点与薛定谔方程不兼容。Ruestche 的目标不是推出允许非正规态的一个一般的结论。而是关于非正规态的解释地位，作为语境论解释的一种论证。她认为用这个抽象的形式去回答问题是错误的，如果不区分在什么语境中建立起哪种形式。在一些语境中非正规态可能需要被强制运用，尽管它们有奇怪的特点，然而在其他的同样的奇特性中可能会破坏它们的效用。

　　QFT 中的粒子概念一直以来都是哲学讨论的焦点。传统的物理学智慧一直认为量子力学和狭义相对论的结合获得场论，其中定域粒子的讨论充其量是 facon de parler 用于刻画作用在场之间的相互影响。哲学家们最近研究了不可行定理支持了这个传统的 Malament 智慧，这些论证的关键部分是澄清如何去表征"粒子"在形式体系中。直觉的粒子是定域的——定域在某些区域中——可数的。不可行定理表明定域理论，可数粒子满足别的自然的假设，来自相对论和量子理论的可以导致奇怪的结果。但是是不是已经偷偷引入一个强的假设，比起在从直觉的粒子概念到其数学刻画上的变化？Bain 重新考察了不可行定理，运用相对论和非相对论 QFT 之间的比较，把它带进这样的一个假设中。在 QFT 中一种引进粒子的方式采用了时空的全域结构的优点：给定一个全域的时间函数，可以构造一个福克空间拥有全部数字的算子。唯一的优先的全域时间函数表明了这个整个数字算子的唯一性，保证了"可数性"的直觉的性质。但是这个整个数字算子的本征态（有限数量的粒子的态）不是定域算子的本征态。粒子的定域性进一步要求定域数字算子的存在，在确定时空区域中数粒子的数量。Bain 表明不可行定理在非相对论 QFT 中是行不通的，多亏了拯救绝对时间度规的优美性。这个度规的存在在伽利略 QFT 中保证了：存在一个唯一的整个数字算子，微分算子在场方程中的表现是反定域的，真空不是分离的，相互作用不是"对真空的极化"。赋予粒子的"直觉"属性在不可行定理中的背景中因此反应了在诉诸经典时空上的迟疑不决。任何试图去给出"粒子"的相对论的概念形式必须避免对"可数性"和"定域性"的补充。Bain 的论文给出两个进一步的方案。第一，粒子如何形式地被刻画，为了避免对绝对时间度规的含糊的承诺？第二，QFT 的哪个经验性成功实际上要求粒子的概念——在什么程度上一般地解决"定域粒子态"的不同替代定义，以便对 QFT 的经验内容给予充分的保证？Bain 的论文对 QFT 中稳定粒子的地位的讨论做出了贡献。[①]

Gordon Fleming 在他的工作中引入了一些有趣的概念问题，关于非稳粒子的——或者，关于被 Fleming 喜欢的方式去表述，不避免不想要的包裹，关联于"粒子——非稳量子粒子"。[②] 非稳量子粒子具有衰变成一些衰变产物的概率，其本质决定于它是哪种量子粒子。在 Fleming 使用的范式中，始于假定量子粒子在这样的一个态中制备，有时（非相对论地来说），它在一个非衰变的态中。态的演化将其引入一个态，后来，是一个非衰变态和衰变态的叠加。闵可夫斯基时空，被刻画为"在类空超平面上非衰变的"，而不是刻画态为一个"有时的非衰变的态"。如果量子粒子是非稳的，充其量只有超平面。用 Fleming 的话来说，单（SP）态是一个态，存在超平

① KUHLMANN M. Quantum field theory［M/OL］//ZALTA E N. The Stanford Encyclopedia of Philosophy. Winter 2011 ed.（2006-06-22）［2006-06-22］.https://plato. stanford. edu/ archives/ win2011/entries/qucmtum-field-theory.

② FLEMING G N. Shirokov's contracting lifetimes and the interpretation of velocity eigenstates for unstable quantons［J/OL］. arXiv, 2009, preprint：0910.5448.（2009-10-28）［2001-03-08］. https://arxiv.org/abs/0910,5448.

面，非衰变超平面，上面的量子粒子确实单独存在没有衰变产物构成。因为这些态是非稳的，它们不是能量本征态。这意味着一个非稳量子粒子没有确定的质量，而是拥有质量分布。因此，动量和速度之间的简单的关系对于粒子或者确定质量的量子粒子对于非稳量子粒子是行不通的，速度和能量本征态是不同的。在文献中关于是否动量本征态或者速度本征态的一些冲突形成了态空间的更恰当的基础。Fleming 指出这个冲突表明了通过分析动量和速度本征之间的关系来解决。因为在质量光谱上分布着，SP 动量本征态的洛伦兹变换一般来说不是动量本征态。SP 速度本征态的洛伦兹变换是一个 SP 速度本征态，但是变换不仅改变了速度而且倾斜了非衰变超平面。事实上，Fleming 论证，任何 SP 速度本征态拥有非衰变超平面，与其速度正交。这意味着任何速度本征态有着不同的速度，具有不同的非衰变超平面，这样的态的非凡叠加根本没有非衰变超平面；它根本就不是 SP 态。Fleming 运用这些考察去澄清 Shirikov 的一个重要论点，在变换下速度本征态终生收缩，而非膨胀。Fleming 还考虑了动量依赖的终生动量本征态，证明了这个依赖展示出时间膨胀的幻象。

粒子概念引起不同的问题集，在弯曲时空中定义 QFT 适于广义相对论，在闵可夫斯基时空中可以通过严格局限于"Rindler 楔形"构造一个有趣的 QFT。[1]Unruh 研究这个构造，做出著名的发现，一个加速的观察者在平直空间中会将闵可夫斯基真空态看作一个热态，其温度依赖于它们的加速度。这个结果称为"Unruh 效应"，它处于 QFT 相对论和热物理学交界处。Earman 的论文澄清了各种思想，但是他将这些效应处理成为一些类似不完备的拼图谜：甚至于互锁的碎片的数量各就各位，谜中空隙留下的不是这个效应的一个完整图像。通往 Unruh 效应的一个方法是考虑 QFT 构造的闵可夫斯基时空的真空态从局限于"Rindler 楔形"中的加速观察者（充实的表征）。被加速的观察者会"将闵可夫斯基真空视为一个热态"拥有依赖于加速度的

① BROWN H, HARRÉ R. Philosophical foundations of quantum field theory [M]. Oxford: Oxford University Press, 1990.

温度。Earman 对此方法最为批判，其尽管解释价值面临这名的障碍——闵可夫斯基真空态不能被强行拉进充实表征中，它不能被展示按照这样的方法，承诺的"热态"是一个 KMS（库珀－施温格－马丁条件，Kubo-Schwinger-Martin condition）[①] 态，平衡热态的精确定义。Earman 进一步论证充实的真空应该物理地不许给出规律，假定它不能被延伸到非单个的态在全域观察量代数上。第二步始于 KMS 态的刻画以及"模论"思想。Earman 提出一个模论和在 Unruh 效应上的运用，但是他不满足于将 Unruh 效应运用在仅仅包含一组公理与模自同构相链接的几何行为和 KMS 态。他主要反对的是运用模论需要全域假设，而这个在特点上看是不同的比起别的理想化运用在物理学中的。因此，结果是不清晰的，如何将"热"的意义延伸到模论中，对于某些观察者经验到的辐射的热属性。最后的互锁方法始于一个操作粒子探测器的处理。在此 Earman 论证，基于对某些模型化粒子探测器的方式在文献中的，Unruh 效应威胁了将不同的效应分给不同的探测器上，除非一个探测器的"优先分类"被指出作为精确地注册在量子场的热属性中的那些。

1.4　量子场论的实在论研究主要观点

通过考察量子场论的不同实在论，揭示了当代高能物理学理论实在论研究中的自然主义走向，强调理论对实在的语义实现，展现出了从抛弃绝对实体实在观，结合"物质（质料）—实践"统一体中的主客观互动的整体性。这种实在观是将世界、实在、理论看作本质上随人及其实践的语境显现。

作为科学理论的本体论研究，其目的不是做出任何经验预设。而是在

---

① KMS（库珀－施温格－马丁条件，Kubo-Schwinger-Martin condition），参见 Schroer B. Localization and the interface between quantum mechanics, quantum field theory and quantum gravityI [J] . Studies in history and philosophy of modern physics，2010（41）：104－127. 最早的出处是三位联合提出这种物理效应的作者的名字首字母，他们指出重夸克禁闭是一种色屏蔽态，后来类似这种渐进自由的禁闭态称为 KMS 态，参见 Karsch F，Satz H，Mehr M T . Color screening and deconfinement for bound states of heavy quarks [J] . Zeitschrift f ü r physik C particles & fields，1988，37（4）：617-622.

考察本体论预设背后的哲学思维。目的是对理论做出解释时，借助经验性结果决定解释的优越性。这样的研究已不是传统意义上的自然的基本构成的理论，而是关于所有实体的高度抽象的陈述，包含了主体的感情、社会的信念体系及它们的原理。从这个意义上讲，它是关于科学解释的一种元分析途径。它是分析并系统化具体自然领域内实体和过程的理解，是关于哲学和自然科学的相互作用。实在论的阐述也绝不能独立于科学解释而独立地作为一种抽象存在。

1.4.1 "场粒二象性"的实体本体论

对于量子场论的建立，人们普遍认同的解释语境是：在闵可夫斯基空间中存在两种等价的构建定域量子场论的途径。第一种建构途径始于维格纳定义的庞加莱群表征的不可还原性单粒子态，通过建构福克空间引进了升降算子及傅里叶变换得到的决定位置量的定域场算子。另一种途径始于经典场理论，基于这样的假设：场和动量满足标准经典对易关系，在福克空间上通过增大或降低算子值操作确定场的傅里叶系数。从以下两个发展线索可以看出，这两种福克空间的建构在本质上是相同的。

粒子语境：庞加莱群———→粒子———→福克空间———→升降算子———→定域场算子。

场语境：经典场———→定域场———→升降算子———→福克空间———→粒子算子。

这两种解释证明了"粒子"语境和"场"语境是两个等价数学形式的发展途径。由此，泰勒（Taylor）发展了"场粒二象性"实体实在论。这种二象性进一步被福克空间中粒子算子与场算子之间具有的互补性证实。狄拉克认为从这个角度可以说明"场粒二象性"类似于非相对论量子力学中的"波粒二象性"。①

根据狄拉克的观点衍生出两种二象性的解释。

---

① KUHLMANN M, LYRE H, WAYNE A. Ontological aspects ofquantum field theory [M]. Singapore：World Scientific，2002：15-33.

① 强二象性：粒子和场的二元性说明了量子场论缺乏有力证据去抉择物质属性。物理学语言的任意性说明在描述物理现象中物理理论不都具有充分性，许多物理现象不能与物理学语言中的表征体系相一致。（例如，光学需要连续性的态的描述语言）。

② 弱二象性：每个粒子均存在一个对应的场，场和粒子一一对应。

可以看出，这两个观点的根本问题在于不能明确指出是什么构成了粒子或场。在自由场理论中，物质的二元性从基本粒子和场概念得出。相反，在数学上，基本粒子用不可还原的群图像描绘的场是定域赋值算子在希尔伯特空间的分布态，分布密度由拉格朗日函数给出。例如，自由电子场的狄拉克－麦克斯韦理论的拉格朗日密度函数对应的基本粒子由不可还原的群表达。然而，一旦引入互作用，这个自由电子场的图像便破坏了。场理论中互作用的存在使得单粒子态无法被分离出来，不能从它们所在的理论中的质量能量光谱清晰地表达出来。例如，量子电动力学中没有裸核是由于自作用的存在，夸克，W、Z玻色子没有出现在量子色动力学和电弱理论中，分别是因为夸克禁闭和不稳定性的存在。

总之，量子场理论中比较普遍的对物质世界的处理方式是预设系统由渐近自由的粒子与传递互作用的场构成。这种观点吸取了经典场论中场的思想，发展了"波粒二象性"思想，成就了"场粒二象性"思想。

1.4.2　多维度的量子场论实在论

亚里士多德对物质与属性的基本分类随着现代科学的诞生被休谟（David Hume）、马赫（Ernst Mach）与其他经验主义者给予了严重的抨击，按西蒙斯（Peter Simons）和塞伯特（Joanna Seibert）的论断在量子理论中这种实在论很难为物质概念提供一席之地，在量子场论几乎不具有存在的价值。量子场论中基本实体是粒子、场、事件或者其他什么，传统的物质概念已经不能在这里应用了。

本体论如何去确立？通过比较事实实在论、过程实在论、比喻（trope）

实在论，可能世界和要素实在论，西蒙斯认为要素实在论对于量子场论来说是最具有前途的实在论。量子场论的实在论是否是要素实在论还是其他什么形式的实在论对于量子场论最富价值。总是不断对形而上学分析和量子场论一些关键思想的互动得到的。

约翰娜·塞伯特从方法论的角度考察，说明本体论的研究应包括哪些东西，应该得到哪些结论，它给出对物理世界的哪些解释。从隐喻的角度来看，量子场论中的粒子与场的概念与经典的粒子、场是不同的，在量子场论中他们只能作为隐喻而存在。但是隐喻有效性只在于它只揭示了物质对象在结构上相似的某些特征，也就是说理论术语只是蕴涵了对象的某个结构特征的信息。那么，从这种角度出发，所有关于场论的概念似乎都应该毫无保留地予以接受①。例如，鲁道夫·哈格（Rudolph Haag）认为量子场论中粒子的概念只作为荷电结构的表征，场则代表互作用的定域性，这样的理解显然支持了结构实在论对理论的观点。塞伯特认为应将实在论从"物质的神秘"中解放出来。基于物质性的实在论对 CM（classical mechanics）与量子场论是严重不充分的，而基于比喻和事件的实在论概念基础又不具有一致性。Seibt 认为需要一个对物质神秘性的彻底破除。她发展了一种过程本体论，"公理化过程实在论"不只是来自物质的概念，而是类物实体。物质或客体不再存在于一个过程或行为中，过程或行为本身是最为基本的。她认为这是研究量子场论本体论特征的最有希望的范式。对量子场论的实在论考察，提供了一系列备选框架，西蒙斯支持的要素实在论认为宇宙常量决定了实在论的基本分类。依据是马克思·普朗克（Max Plank）指出的真空中的光速、电荷、电子质量和普郎克常数均为基本要素。

梅娜德·库尔曼（Meinard Kulmann）将塞伯特和西蒙斯两者进行比较，并对这两种途径存在的种种疑难进行了对比。对于塞伯特的过程实在论，库尔曼认为它并未清楚地指出在量子场论是什么构成了过程基础。但是在总体上，库尔曼指出塞伯特和西蒙斯共同抵制了物质性占主导地位的途径，

---

① CAO T Y. Conceptual development of 20th century field theories［M］.Cambridge：Cambridge University Press，1999.

并且他们一起都有助于突显方法论途径去构建量子场论的实在论。

场理论如何表征物理世界？奥洋（Auyang）认为，指称是连接理论形式主义和量子场论的有用的桥梁。奥洋的康德主义信条是通常关于量子场论的实在论的讨论中的预设远远多于初次理解分析中所显现的，这些预设对于量子场论的实在论的分析也是很有益的。

语义学关注语言如何表达，如词句方程式和理论等等，如何获取它们的意义。它回答了这些问题：量子场论的福克空间方程式的生成算子的真实意义是什么？这样，语义学提供了量子场论形式与所设想的微观世界形式之间的桥梁。

最具普通意义的关于语言表达如何获取他们的意义是关于指称的：词获得它们的含义是因为他们指称的是世界成分。"雪"具有含义是因为它有所指。句子、方程和理论反过来通过词获得它们的含义。[①] 所以指称的意义陈述是很容易看清楚的，意义联结了语言表征与这些表征所对应的实在。词在表达物理世界时有两种不同的使用途径，然而，奥洋的贡献在于这两种表达在量子场论都是有效的。在现代物理学中量子场论是种种不同形式的规范场理论，奥洋研究了规范场理论的含义（meaning），指出规范场部分地直接指称世界。举例来说，在规范场理论语境下，对于含参算子 $\phi(x)$，真空参量 x 直接指称某个标签（label）或数字个体。同样，规范场函数的定域对称群直接作为一种概念引导某个规范场赋予的个体性，如电子场，来自其他某种规范场。规范场理论也可以以描述的方式直接指称世界，"被 Apollo 所追求的那个人"指满足一系列要求的那个人。例如，场的发散关系 $h\omega$ 不能直接指称对象——而是指称所有满足条件的即拥有恰当的波矢、自旋等的场。[②]

雷德赫德（Redhead Prieschner）、Eynck 和里拉（Lyre）研究了作为

---

① 郭贵春：语义分析方法与科学实在论的进步（英文），中国社会科学（英文版），2009年03期。

② WAYNE A. Discussion：Conceptual Foundations of Field Theories in Physics［D］. Concordia University，2000.

规范场理论的量子场论的语义学价值。他们认为，规范场理论内在的一个问题是物理现象数学描述的自洽性问题：物理理论的数学结构包含了与物理结构不直接相对应的一种附加结构。从意义的指称说明来看，这个附加结构是不具有含义的虚无形式。在规范场理论中，附加结构包含了规范势和鬼场，束缚了采用的物理学场理论的结构形式。

从认识论角度看，往往想要得到的不是某个陈述的含义，而是此陈述是否为真的问题。认识论关注的是知识的本质，特别是在什么情形下它是正确的或者去相信一个陈述为真的合理性条件。从传统角度看，知识被定义为是被证实的真的信念。一些陈述似乎直接被观察所确证。哲学上称这种陈述为后验的。相对的有先验的问题。那什么又可以作为数学或几何的正当理由呢？无法诉诸经验或观察。量子场论像所有的科学理论一样，包含了丰富的关于先验和后验的要素的综合。

语言学转向给人们越来越强烈的印象是哲学源自最为根本性的问题，并且这些问题并不仅仅是基于假的问题。另外对形而上学的最为激烈的攻击本身也是形而上学。大约在 20 世纪中期奎因（Quine，Willard Van Orman）和斯特劳森（Peter strwson）的分析哲学家开展的对传统问题的复兴，以一种分析提炼的方式，最终一种新的研究领域建立了起来，所谓"分析的实在论"。

1.4.3　自然主义的实在论

量子场论，包括它的实在论，最大限度上是一个后验的东西：微观领域中存在什么，描述它的正确的数学结构又是什么，很大程度上关系到实验与观察。量子场论面临的来自认识论的挑战是来自量子场的不可观察的量，实验结果显示了气泡室中观测到的定域粒子径迹、纸上的痕迹、Geiger 计数器上的点数、计算机屏上的图像。可观测与不可观测间的推理跳跃导致了认识困难。一个纯粹的场实在包含了无限延展的场态与特定尺寸的定域粒子相互间的融合。"测量难题"源自量子力学的核心理论认为大多数测量不能获得确定结果，而只能得到被测量的不确定态。布雷特·霍尔沃森（Brett Halvorson）和克利夫顿（Clifton）认为在相对论量子场论中不存在可观测客体。

第二个认识论困境是重正化技术在理论中所扮演的角色。量子场论的目的在于高能物理实验的粒子散射产生的发散值，重正化对于高能物理学家有很大帮助。然而哈格特（Huggett）认为它虽然具有形式上的合理性，但却引发了量子场论的认识论地位的困惑。特别是重正化包含了非还原性的量子场论的修正为跳跃的。现象学理论不能成为一个基础理论（量子场论）的演绎结果。依靠语义学和认识论一起为量子场论提供了实在论。

1995 年，由保罗·泰勒（Paul Teller）建立起量子场论的经典解释。[1] 泰勒认为：对场粒子的概念理解——是在量子场论的本体论特性方面起作用的两个重要概念。泰勒强调经典粒子与量子粒子之间是不同的，特别是对于后者缺乏"原始'此性'"。他建立了最终的量子粒子概念。在量子场论的福克表象空间语境中。泰勒认为场是经典量子场论采用时空指数集参量的量子力学算子，即算子赋值量子场。$\Phi(x,t)$，用于表征某一量子场，类似于经典场中的标量、矢量、张量都用时空参量来表述。泰勒的核心论点是，"此在"是对实在论的错误导向，更好的理解为，算子赋值量子场是关于定量（或变量）的集合，而不是物理量的值。

安德鲁·维恩（Andrew Wayne）认为泰勒对算子赋值量子场的描述特征是由一些定量来完成，这些定量建立在过分严格的概念基础上。他建立了经典的量子场论的本体论，其中真空的期望值发挥了核心角色。量子场论的经典模型中的场算子的真空期望值和场算子结果或乘积量对应于包含量子场的物理系统中的场值。

高登·弗莱明（Gorden Fleming）对泰勒的关于粒子和场的论断做了如下的评论：他反对泰勒的论点，认为量子粒子中缺乏原始"此性"，因而需要将量子场论希尔伯特张量空间形式换为福克空间形式。弗莱明认为，

---

[1]　JOHANNA SEIBT. Quanta, Tropes, or Processes: Ontological for QFT Beyond the Myth of substance [M] //Meinard Kulman, Holger Lyre, Andrew Wayne. Ontological aspects of quantum field theory. World Scientific publishing CO. Pre. Ltd, 2002：53-97.

赋值张量希尔伯特空间结构过于庞大的形式结构不具有泰勒所给的认识论价值。对于泰勒关于量子场论的观点，弗莱明同维恩大致上一致：算子赋值量子场（OVQF）确实密切地与经典场相对应。

泰勒的贡献在于通过阐述经典场和量子场的差异而发展了他的算子赋值量子场解释。第一个是物理表达上的不同。经典场形式的确定在于物理条件，场值可能取两种集合。算子赋值量子场，场的形式结构出于物理上的必然——不存在其他形式的可能。第二个是经典场作为因果律的代言人去解释观测现象。泰勒所主张的算子赋值量子场不具有这么强的观念，它只具有结构解释功能。像经典牛顿引力场，算子赋值量子场里的解释也只是指明可能性的物理条件的结构。

测量作为形而上学概念的引进是由于粒子实在概率解释所面临的两难境地弱化了波函数的实在论解释。事实上，海森堡早在1928年就已经做了让步，也就是在约旦、奥斯卡、克莱因和尤金·维格纳证实一个具有 n 个粒子的体系的薛定谔波函数描述遵循量子统计的玻色子和费米子二次量子化叠加。例如，海森堡认为粒子和波只是同一个物理实在的两个不同方面。

他同样认识到位形空间的波，也即转换矩阵，是通常解释中的概率波，而三维空间中的物质波却不是这样的。物质波与粒子一样具有客观实在性。它们与概率波没有直接的联系，但像麦克斯韦场一样拥有连续的动量和动量密度。

海森堡认为物质波不同于概率波，但与粒子一样具有本体论地位。对薛定谔波函数的解释有两种：实在论的和统计的。每种都赋予量子场论以不同的本体论。什么是物质波及它是否具有客观实体性并未被给予解释，这是对波函数的一个实在论解释的让步，尽管三维似乎只暗示了德布罗意波具有客观实在性。另外，"物质波"只是"辐射"概率波的同义词，问题是如果辐射波（如光子的德布罗意波）不同于概率波而被视为客观实在，电子或其他粒子的三维德布罗意波又是什么？它们依旧是概率波，或者客观实在？实际上，海森堡和其他物理学家在量子场论中在两种意义上不断往返不定。"物质波"模棱两可的用法实际上是量子场论中的所有实在论概念混乱的来源。但另一方面，也正是这个"模棱两可"使量子场论在物质波场概念基础上发展了起来。任何清晰的和模棱两可的对此概念的使用将导致严重的概念困难。所以模糊性反映了理解量子场论概念的本体论困难持续了 60 年都未被解释清楚。

1.4.4　实践整体下的语境实在论

从测量结果看量子场论的实在论，可以得到两个自相矛盾的结论：第一，实在论是关于自在实体的，但是测量过程却是互作用的；第二，实验证据是基于粒子径迹和定域现象的。所以，什么证据可以提供量子场的场结构呢？粒子物理学的诞生图景验证 QED 和标准模型的实验证据得到量子场论的关系实在论。[①] 经验意义上的粒子的诞生出于在定义完备的时空区量子场论的经验证据。

布丽奇特·福尔肯伯格（Brigitte Falkenburg）分析了测量给予的经验实在的种种结构特征，指出量子场的测量方法给出了两个悖论，实在是关于自在实体的结构的，但测量却是一种相互作用。量子场结构的理解应采用哪种实验证据呢？

从粒子的诞生与量子场的关系看，经验粒子的出现是在定义完备的时空区中采用可重复的势的测量而得到的结果，即对在一定的时间间隔粒子探测器所获得的径迹记录的数据分析。从操作的角度将一组力学量（诸如质量、电荷等物理学量）赋予了粒子径迹，在洛克（John Locke）看来，粒子可以被视为物质以经验为依据的永恒不变的影像和所有物的集合。关于粒子的操作陈述与维格纳的关于粒子的群理论定义相联结在一起了。

庞加莱群基于时空变换描述粒子或场的动力学。庞加莱群的非还原性表述本质是任何物理学量都相对于一个非还原性的庞加莱群。以动力学常量表征的某种粒子与它的时空对称性相关联。将此定义推广到基本粒子的互作用中，与规范理论的动力学定域对称相关联。通过动力学量集合表征

---

① 罗嘉昌. 从物质实体到关系实在［M］.北京：导论. 中国人民大学出版社，2012.

的粒子，与不可还原的对称群表征相联系。根据现代粒子物理学的标准模型理论，这些电荷是电子，味（弱电相互作用），色（强相互作用）。

以上"粒子"定义被广为认可，它适用于任何场，量子的，非量子的，这是非相对论量子场论的一个解读途径。很显然，这个定义是针对某种粒子，而不是在一个给定的时空区内测量的物理学量的个体值。从描述不同粒子及其互作用的量子场到个别粒子需要测量来联系。不像量子力学（QT），仅仅给出关于可能测量结果的概率预言。

量子场论的实在是关于互作用与测量结果的，而不是实体的。量子场的粒子互作用不能被分解成定义完备的值的过程计算。不能独立地测量出量子场论微扰发散的费曼图式，但费曼图式对应的超势是可以测量出来的。然而，对于高能和低能区这是有区别的。在低能区，已有的精度很高的测量值可以揭示费曼图式对量子场论的价值，在微扰理论的最低数量级中，无法得出它是如何与量子场相关的。

低能现象表明量子电动力学微扰发散的费曼图便于解释超势。特别是量子电动力学理论值拥有实验测量所得到高度精确的相应值，以及氢光谱的兰姆位移及电子或 μ 子的 $(g-2)/2$ 测量显示的氢的精细结构的兰姆位移及电子的不规则磁动量。狄拉克理论同实际的磁动量间的差值从高度精确的实验中测量出来。

作为个体，粒子的区别通过一组在时空区中测得的物理值来实现。经过精巧的粒子探测器、带有乳胶的感光板、气泡室、"夹心面包"式的闪烁体等等测得粒子径迹。在粒子物理测量理论中，场量子就是真空波动引发的粒子的产生和湮灭。

粒子径迹由能量和动量运动学值表征。根据相对论运动学，由力学如质量、电荷、自旋确定粒子的类型：光子 p，中子 n，电子 e^+，正电子 e^-，π 介子，光子 γ，等等。这些值的测量基于粒子径迹的半经典模型。在统计层面上，此模型是经验充足的。始于或止于粒子探测器中的某个时空区的多个粒子径迹构成了散射事件，可以解释为"真空"场量子中粒子互作用。高能物理学的散射事件与守恒定律密切相关，而守恒定律与量子场论的对称性密切相关。反之亦然，如果破坏了守恒定律，那么就观察不到散射事件与粒子相互作用。它们与迄今为止未知的"奇异子"与"粲子"的动力学属性密切相关。通过这条途径，在早期加速器物理学发现的粒子径迹和散射事件成为重子分类的解决途径，在这之后 20 世纪 60 年代给出了粒子物理学的夸克模型。

量子场论更多描述的是亚原子衰变。不稳定粒子的衰变时间极为短暂，不能直接被观测到，一个给定散射能级的共振现象与在散射截面测量的某种粒子相对应，[①] 由质量、自旋、电荷等表征。所以，一个给定散射能相对于一个不稳定的粒子的质量，相应观察到某种粒子反应频率也增加了。布莱特－维格纳（Breit–Wigner）方程描述的共振效应便是由散射过程的 S 矩阵导出，也即从量子场论导出。

高能散射实验的数据分析基于大量的粒子径迹散射事件的抽样分析。径迹分类根据运动和动力学量，这样粒子反应得到的横截面便被确定了，横截面是单位空间的概率值。它的定义是由散射事件同种粒子四维动量值"输入"与"输出"量比值。从操作的角度来看，一个散射区是一个与某种给定粒子反应概率的相关频率值。量子场论的测量过程所产生的所有问题在此散射区的定义中包含着。

与实验相关的量子场论公式关于互作用的场方程由 S 矩阵计算得出。S 矩阵确定被测横截面的理论表述，它的微分形式 $d\sigma/dq^2dE$ 的值取决于散射能 E 和四维动量参量 q^2：

$$\left(\frac{d\sigma}{dq^2dE}\right)_{QFT} \longleftrightarrow \left(\frac{d\sigma}{dq^2dE}\right)_{EXP}[②]。$$

被测横截面的理论起点是互作用拉格朗日公式相对应的 $L'(x)$。

高能散射实验中，粒子场结构用非类点结构表征。非类点粒子或场结

① CAO T Y. Conceptual development of 20th century field theories [M].Cambridge：Cambridge University Press，1999：374.

② KULMANN M, LYRE H, WAYNE A. Ontological Aspects of Quantum Field Thoery [M]. Singapore：World Scientific，2002.

构的数据依靠两个理论的假定。

第一个假设是互作用场或粒子对互作用拉格朗日方程 $L'(x)$ 的作用是有区别的，将"探针"粒子作为散射中心测其他粒子结构。第二个假设是横截面是对作为散射中心的"探针"粒子散射偏离，按此假设去确定描述原子或粒子的动力学结构的形成要素及结构功能。1968 年，关于低能区散射比例值证实了核子的夸克模型。70 和 80 年代，核子中夸克的动量分布对应于结构的测量值，随着能量增加，观测到的比例被破坏了，根据量子色动力学，夸克－反夸克对和胶子的数目的增加来自核子中的夸克场的互作用。散射实验中被测到的结构动力学主要取决于散射粒子的能量。散射能越大，观测到的结构越复杂，在一个给定的散射能量上，这些结构是观测到的呢？是由实验而产生的吗？这就需要一个完全崭新的语境基底去理解关于物理客体的概念。一个客体的动力学结构主要依赖于从事哪种测量。

1.4.5　结语

在语义分析的语境化背景下，分析科学理论解释的语义结构，以"掌握确定和表达指称是对理论进行解释的语义分析的方法论核心"①，在形式、内容、结构和体系上重建语义分析方法在科学实在论研究中的方法论地位，在量子场论的实在论研究中，自然而必然地渗透其中。

量子场论给予"物质""因果""互作用"哪种实在论解释？实验与量子场论给出的结构的关系是怎样的？量子场论揭示了哪种因果关系？也就是"如何实现关于可能经验的理论表述"，以及重建量子场论描述的可能经验的条件。概率可以解释散射事件，即相关粒子痕迹已经被测量后，这样可以避免测量难题。②

低能产生的个体对应最低级次的量子电动力学费曼图式，兰姆位移及被测 $(g-2)/2$ 值是相关费曼图式表征的经验实在的。隐藏在测量结果背

---

① 郭贵春. 语境的边界及意义 [J]. 哲学研究，2009（2）：94-100.

② KULMANN M, LYRE H, WAYNE A. Ontological Aspects of Quantum Field Thoery [M]. Singapore：World Scientific，2002：247-253.

后的经验实在是关于哪种实体呢？兰姆位移是由电子跳跃与自己的辐射场的互作用而产生的，辐射变换表明氢原子的相关能级在变化。从理论上看似乎是这样，但理论期望值与观察到的辐射转变的差别是这样。很显然，实验不只是关于因果关系，它对互作用的理解是有帮助的。电子反常磁动量具有维持物理特性的特征。这个值的精确强度源自一种互作用一直发生在观测物理体系并由测量得出。这些属性似乎是非关联的。但事实是它们都出自"互作用"。从量子场论现象"背后"能得出哪种更为精确的本体论呢？如何去解释粒子径迹、散射事件及被测横截面？

维格纳的粒子定义对应的是非相互作用场，即非关系实体。它们的动力学量是莱布尼茨量，非重正化量子场不属于经验性量子场论的本体论。赋予它们物理学含义需要重正化质量和电荷。互作用前后的状态近似是渐近自由的，量子场或场量子所给的最大限度是渐近自由的。场量子是物理学量的量子化，在互作用中它的值发生变化并靠粒子探测器来测量。

这些互作用的相互关系，观测粒子径迹和散射事件，从观测径迹重构发生在探测器中的粒子径迹和散射事件就是量子场论的计算过程的直接证据。它们由分立场量子产生。

所测场量子，在任何粒子探测器中都是量子化值之间的交换。任何粒子径迹源自对势的测量。粒子径迹中出现的纠缠表明发生了某种 QED 韧致辐射或粒子对的产生。这表明推出的结论是在经验实在的意义上在某个时间发生的事情。相应的费曼范式解释了粒子物理学的出现。

散射事件是关于粒子产生和湮灭的证据也指出了场量子的经验实在性。个体微观粒子的互作用的印证就是散射事件。从它们得到的结论是量子场论的实在是关系的。某些观察量是守恒的，在某些过程中是不守恒的量，根据爱因斯坦的质能关系质量可以发生变化。电弱互作用破坏了 CP 守恒（宇称不守恒，CP violation）。个别实验结果表明量子场论是关于经验实在的某些部分。这既不同于亚里士多德的个体的意义，也不同于洛克的简单的种种瞬时意识的简单组合，也不同于康德的基于可变经验中的那种稳定的属性。在量子场论中，守恒定律的数量在减少，CPT

（宇称 P 粒子正反 T 时间，物理学中的守恒对应对称不变性）不变性和能量守恒被抛弃。

粒子径迹和散射事件是个体的显现。粒子径迹从经验的角度表明了渐近自由的个体场量子的存在，互作用由散射事件证明。既不能将量子场与经典的场相等同，也不能等同于场量子的集合。量子场论给出量子场形式描述是场算子和量子化规则。根据量子化规则，场算子不具有超越关于量子理论概率解释的任何含义。量子场论费曼图式之类的理论给出关于种种产生量子过程的因果解释。场量子的产生可能因为某个量子场与另一个量子场或与自身或与真空的互作用。如何去解释这些疑难？有两种观点：它们要么是虚构的，要么是不可观察量导致了经验实体的出现。在后一种例子中，它们是关于自在实体可以产生某些存在表象的原因，QFT 作为一种虚构理论是非常成功的。

在任何互作用中它们不是物质而是可变化的态，可以消失成无，即填满能量的真空。值定义是不充分的。如果它们不是实体，那应该是什么？物理学家的观点或许给以一些启示：量子场是关于定域互作用的非定域动力学结构。从测量难题的概率解释去理解，量子场将会塌缩为经典场。那么，量子场并未给出任何超越量子场论定律的实在。避免操作主义和形式主义的两难要么将量子场的原因与它的观测量相等同，要么仅仅是量子场论的形式。关系主义为一条豁然开朗的解释途径。

以 S 矩阵元相对的 QFT 横截面的测量为例：某种粒子互作用的被测横截面是一个概率值。粒子反应的横截面是一个概率值，每个 S 矩阵元相对应地都有一个个体经验实在。S 矩阵的计算是从量子场论的互作用拉格朗日函数 L'（x）得出的。S 矩阵元和相应的拉氏函数描述了耦合量子场的互作用形式。在玻恩近似情形下它们两者共同对应费曼范式，这再一次证实了经验实在的关系实体观点。量子场的互作用与自身，其他场或与真空，描述的是某种类型的费曼范式，至少在这些情形中具有近似性。

高能散射实验中测得的似点或非似点结构常常是多变的。在量子场论中出现的结构关键依靠理论和技术上所能达到的对散射过程的分解能力。

如果散射矩阵因子分解法与种种散射粒子可以有很好的对应，就会获得一个关于散射过程的可以理解的模型。如果实验再现理论的近似情形，将会得知在一个给定能级尺度发生的经验实在。散射过程量子场论模型表征了构成经验实在的场结构。这个经验实在并不构成任何经验世界的自在之物。这个结构是关系实在并且依赖特定语境，它产生了在高能物理散射实验中的各种现象。

海森堡宣称，基本粒子的客观现实性已不复存在，数学公式描述的不是基本粒子的行为，而是对其行为的认识，W. S. 塞拉斯认为可以从科学理论的正确性中推出理论实体的存在。普特南（Hilary Putnam）和波义德（Boyd）主张一种逼真实在论，即认为成熟科学中的术语一定有指称，成熟科学中的理论定律近似地为真。普特南赞成真理符合论，并和克里普克（Kripke, Saul Aaron）一道主张指称的因果论。从测量实在论的发展来看，无论如何，这些实在论都在寻求主客观统一基础上对科学实在的哲学洞察。

2　重正化技巧的语境分析

重正化（renormalization）的本质是从尺度变换到特征提取。重正化是在物理学的诸多领域行之有效的分析方法，它可以用来研究标度下物理系统性质的变化，曾经在解决统计物理的临界现象和量子场论中的发散问题中起到重要的作用。近年来，越来越多的物理学家和计算科学家开始重新关注起重正化的有关问题，因为研究证明，重正化群作为一种粗粒化的方法，与深度学习中的提取特征方法本质上等价。重正化群的基本思路是粗粒化、寻找变换、不动点。不仅在高能核物理，而且在凝聚态物理物质相变以及人工智能的神经网络不同信息处理层次的关键信息提取上，也在运用。是关于物质结构不同层次分化的区别的标志性指标研究的理论。在现代物理学中，物理学家们的创造性行为的合理性怎么去获得解释呢？重正化纲领的产生就是一个典型案例。20 世纪 30 年代，物理学家们在构造量子场论时发现了发散问题，1947—1948 年，科学家们意识到这个问题的普遍性。对其处理的手法是，通过去除无限大，获得物理上有意义的结果。重正化理论的建立是构造 QED 的关键部分。1947 年，在 Shelter Island 举行的一个会议上，Hendrik Kramers 展示了质量重正是如何被用于克服发散问题的。[①]QED 成功之后，科学家们尝试去发展可重正化的弱相

---

① BORRELLI A.Renormalization［M］// Compendium of Quantum Physics Heidelbery：Springer，2009：637–640.

互作用量子场论。20 世纪 70 年代早期，量子色动力学（quantum chromo dynamics，QCD）重正化群技巧表现出渐近自由的特点，促进了强相互作用模型的建立。[①]

2.1 重正化理论的历史和概念基础

发散引发的对量子场论的争论使得量子场论在建立的历史上一度被弃之不顾。在重正化程序引入之后，丧失的信心又被重建起来。在电磁过程的辐射修正上的解释和预言上取得了很大的成功。Dyson 提出的作为最简单的 QFT 的案例，量子电动力学的 S 矩阵的重正化证据的获得为 QFT 进一步提升了信心。后续的各个能级上严格的重正化证据被 Ward、Salam、Weinberg、Mills 和 Yang 完成。另有反对的声音来自对于微扰发散的 S 矩阵中的非收敛能级，被 Dyson、Hurst 和 Thirring 指出。Dyson 的证据被指出不久后，出现了很多关于重正化理论稳定性的挑战：数学的、物理的、概念的，Dirac、Schwinger、Kilten、Landau 和 Pomeranchuck，甚至 Dyson 自己。

一方面，公理化场论家们寻求理论结构的澄清构造，稳定的重正化的量子场。另一方面，Landau、Chew 和其他的 S 矩阵理论家们，公开指责包括重正化版本的 QFT 的整个框架，不仅仅因为描述强弱相互作用的经验失败，而且也因为概念的不稳定性。Cushing、Cao 怎么去解释重正化的 QED 的经验成功，概念的不稳定？大部分物理学家们忽略了稳定性问题，他们指出，如果有意义的计算只能在重正化微扰框架内部做出，那么事实上可重正性是理论构造的一个关键性的约束。历史事实是，超越 QED 的进一步的 QFT 的发展都是运用了可重正性作为引导原则。最具说服力的便是 Weinberg 的电弱统一场论。他在 1980 年诺贝尔获奖致辞中指出，如果没有可重正性原理的指导，电弱理论获得的贡献不仅来自 $SU(2) \times U(1)$

---

① TIANYU CAO，SILVAN S. Renormalization and its philosophy [M]. Kluwer Academic Publishers，Printed in the Netherlands，Synthese，1993：33–108.

不变矢量玻色交换（可重正的），而且来自 $SU(2) \times U(1)$ 不变四维费米耦合，是不可重正的，并且理论丧失了预言能力。这段历史带来的反思是关于理论评估、理论接受和理论选择的。

临界现象中的物理洞见：重正化群方程的定点解。

20 世纪 70 年代中期，可重正性的本质和根本特征受到挑战。作为 QFT 和统计力学的相互作用的结果，重正化的理论物理学家们的基础方面经历一个根本的转变。转变的核心是度规不变的破坏的突现，以及相关的可重正群方法的突现。Weinberg（1978）第一个将临界现象中的物理洞见运用到 QFT，这体现在重正化群方程的定点解的存在，经过定点的耦合常数空间的轨迹的条件。他的目的是用一个被他称为"渐近安全的"更为基础的指导性的原理去解释或者替换可重正原理。这个策略很快被称为有效量子场论（effective field theory，EFT）的有效场论所掩盖，这也是 Weinberg（1979，1980b）提出的。EFF 只是一个渐近安全理论所包含的计划，因为 EFT 依旧将可重正性作为其概念基础。EFT 与可重正性概念和 QFT 的本体论基础的澄清，一起带来了根本的变革。物理学理论的特征是 QFT 中所采取的假设 – 演绎方法结构，理论接受和选择的标准。首先，可以将它看作 QFT 中无限大的解决技术性设计。重正化概念有助于澄清 QFT 的概念基础，使其基础变得稳定。历史地看，20 世纪 40 年代，重正化理论的突现，是为了解决 QFT 的发散困难。最初，它只是技巧，使用有限。作为技巧涉及了一系列的代数步骤去获得理论上的数量结果，这些数字可以与实验数据相对比，例如，兰姆位移（Lamb et al., 1947）电子磁动量反常。因为它采用了 QFT 范式，所以它是守恒的，不需要变更其基础。事实上，Dyson 将其守恒作为令人喜欢的一个特征。QFT 概念框架的简介需要遵守运动方程的定域场算子系统。运动、经典对易关系和反对易关系，如玻色子和费米子，从不断的真空态的场算子运用得到的希尔伯特空间态，并且是唯一的。三个假设：

1. 定域性

在 QFT 中，这个维护了类空表面上互相对易玻色子或者反对易费米子场算子，这指出了点粒子模型的合法性。初看，似乎定域性仅仅反对了远距离相互作用，是服从狭义相对论的一个表征工具。但是，电子的点模型的构造揭示了它也是一个尝试解决电子的 Lorentz 理论的困难（1904a，1904b）。根据 J. J. Thomson（1881），球形电荷半径包含的场能量正比于 e2/2a。因此，当 Lorentz 电子半径趋向 0，能量线性发散。但是如果电子被给定是一个确定的半径，那么球形电子的库伦力使得电子构型不稳定。[①]Poincare（1906）对悖论的观点是，可能存在非电磁一致的力在电荷内部以平衡库伦力，以至于电子不再是不稳定的。模型中的两个要素对后代发挥了巨大的影响：（a）电子质量的概念，至少部分地是一个非电磁起源；（b）非电磁补偿相互作用的概念与电磁相互作用结合，导致电子的可视质量。因此，Stueckelberg（1938）、Bopp（1940）、Pals（1945）、Sakata（1947）和许多其他的研究电子自能问题的专家是庞加莱思想的。庞加莱电子的等式不稳定。这最初被 Fermi 在 1922 年指出（Rohrlich，1973），这个原则引出对另一个困难的处理，起初被 Frenkel（1925）提出。Frenkel 指出，因为电子是基本的并且没有亚结构，内在的稳定性在经典范式中是没有意义的。通过采用这个点模型，Frenkel 取消了电子各部分之间的"自作用"，因此稳定性问题是没有取消麦克斯韦场的情况下产生的，在点电子和电磁场之间的"自作用"没有办法被去除。Frenket 所遗留的问题是开放的，更为尖锐化，QFT 作为 Frenkel 的点电子思想很快被物理学家们所接受，并成为 QFT 的概念基础。寻找一个电子的结构的思想被放弃，Dirac 指出"电子对于其中的结构的规律性把握显得太过简单"[②]。明显地，在定域性假设内隐藏的是对电子结构和其他被 QFT 描述的基本实体的忽视。给予点模型的确证和后续的定域假设是它们构成了目前实验的，足够低的能量所揭示的粒子内部结构好的近似的给定能量的表征。

---

① FRASER D. How to take particle physics seriously：A further defence of axiomatic quantum field theory［J］. Studies in History and Philosophy of Modern Physics，2011，42：126-135.

② 曹天予. 20 世纪场论发展史［M］. 牛津：剑桥大学出版社，1999.

2. 场算子假设

当 Jordan（Born et al.，1926）和 Dirac（1927a，1927b）将量子力学方法延伸到电磁场中，电磁场组成部分从经典对易变量提升至量子力学算子。同样的程序也可以被用于场描述费米子（Jordan et al.，1927；Jordan et al.，1928；Darrigol，1986）。这些定域场算子有直接的物理解释，运用与粒子相关的发射吸收产生湮灭量子。粒子的产生被真空定域激发实现。根据不确定性原理，一个定域激发暗示了可以产生任意能量和动量的粒子。因此，运用场算子到真空上的结果不是包含单个粒子的陈述，而是态超势包含着任意个粒子被相关量子数守恒所约束。一个算子场被其矩阵元所确定，因此，明显的是这些中的很大一部分超出了实验经验。

3. 充实真空假设

Furry 和 Oppenheimer（1934），Pauti 和 Weisskopf（1934），Wentzel（1943）等提出了对 Dirac 思想的反对，他们认为真空是一个所有（单粒子）负能量填充的态。反对充实假设的最强观点是：根据狭义相对论，真空必须是零能量、零动量，零角动量、零电荷、零其他的洛伦兹不变态，即它是一个无物的态（Weisskopf，1983）。然而，当某个现象被假定因为真空波动而产生并被分析，同样的物理学家们反对充实真空假设，认为真空是某种物质的，可极化的介质，或者假设它是一个潜在的基底，未开化。换句话来说，它们实际上采取了充实的假设。量子定域耦合和场算子在真空上的运用的结果是，严格的定域激发暗示了在 QFT 计算中，必须考虑涉及任意高能量的虚过程。数学上，任意高能量的虚过程的包含导致了不可定义的无限大量。因此发散困难不是外在的。它们是内在于 QFT 本性的：它们在经典 QFT 形式中是内在的成分。在这个意义上，发散的出现指向一个深刻的 QFT 概念结构的困难。

4. 对称和对称破缺

重正化程序的根本动机是出于处理量子场论微扰解中的发散。在传统的（形式主义）程序中，将解的无效的（发散）部分与有效（有限的）分割开后，不可接近的和未知的高能过程在低能可知和可达到的现象上的影响被参数吸收并进入了拉氏函数的理论定义中。因为这个合并是可能的，然而，模拟未知不可到达的高能动力学应该与低能过程的幅值结构相同。否则，附加的重正化是不可能的。为了保证相似结构的需求，一个关键的关于未知高能动力学的假设需要被做出，它足够简单以成为附加的重正化的正确框架。这是关于高能动力学的假设，被相同的对称性约束，因为它们约束了低能动力学。现在，理论的解构成一个变换的对称群的表征，在这个变换下"理论"是不变的。因此，如果不同对称性被展示出来，通过不同能量区域的动力学，这将暗示不同的群理论约束和动力学理论变化下的解的结构。如果这是真的，那么理论的重正化将被破坏。

在 QED 情形中，一个最简单的情形是，可重正性被 $U(1)$ 规范对称的神秘的普遍性而保证。然而，借助于对称破缺的发现，形势变得复杂化。[①]首先，在 20 世纪 60 年代早期，自发对称破缺（SSB）机制被引入和研究，之后在 20 世纪 60 年代，遭遇了反常对称破缺（ASB）现象。这些需要以上的一般性的关于对称和可重正性的思考需要被重新确定并且被更为复杂化。SSB 现象首次在 20 世纪初被注意到（Brown，1991），在 20 世纪 50 年代被发现在超导现象的研究中。它在场理论语境中得到解释并被 Heisenberg、Nambu、Goldstone、Anderson、Higgs 和其他 20 世纪 60 年代早期的理论家整合到 QFT 理论结构中。在凝聚态物理学中和统计物理学中，SSB 是关于动力体系的解的属性的论断，即某些非对称构型在能量上比对称的更为稳定。根本上，SSB 是关于解的低能行为，并且指出某些低能解展示的对称性更少于系统的拉氏函数的对称，同时其他系统有着全部对称性。追踪这个基础，SSB 是动力系统的内在属性，因为非对称解的存在和决定完全被系统的动力学和参数决定。它们与解的层级结构相关联，在统

---

① HUGGETT N. Renormalization and the Disunity of Science［J］. Ontological Aspects of Quantum Field Thoery，2002：255–277.

计物理学中被连续（二阶）相变现象展示出来。

在 QFT 中，SSB 获得物理意义，仅仅在规范理论中，当涉及连续对称时。否则，一个数学预言——无质量的戈德斯通玻色子的存在——将与物理观察相矛盾。在规范理论框架中，所有的关于 SSB 的陈述是有效的。除了这些，存在其他的与讨论相关的重要论断。在一个规范理论中，正如在电弱理论中的案例，与明显的对称破缺相对照的是，不同低能现象可以被吸收进一个层级结构，借助于 SSB，不用破坏理论的可重正性。原因是 SSB 在比对称发生破缺的度规的更低能级上影响了物理学的结构，并且因此不能影响理论的可重正性，这是高能行为的理论的一个根本的陈述。对 SSB 的深刻的理解已经对自然界的最终的统一性的描述做出了强大的推动，在这里自然定律有着不同的不变的属性，对称理论和非对称物理态，来自最高对称的描述了早期宇宙中的物理过程，随着宇宙的膨胀直到 QCD 和电弱理论描述的温度的降低而经过一序列的相变。

这个努力遇到几个严重的约束，其中一个出于 ASB。一般来讲，ASB 是因为量子力学效应的经典对称的破坏。在系统的经典形式中存在的对称可能在它的被确定的版本中消失了，因为后者可能会引进某些对称破坏的过程。在 QFT 中出现这些是因为圈修正，并且它与重正化程序相关，并且不存在不变规范算子。[①] 反常破缺存在下要保证对称性，就需要对模型的构造给予一个非常强的约束。如果对称是定域的，诸如规范对称和一般的协变性，那么 ASB 的出现，在手征理论中是不可避免的，是致命的，因为理论的可重正性被破坏并且其幺正性也被破坏了。因为任何实在的模型必须包含某些手征矢，不能避免 ASB 的方法。唯一的出路是，做出些许的特别的安排去取消反常。这个需求也导致了在超弦理论语境下严重的关于时空维度（10 或者 26）和对称群的限制（Green et al., 1987）。如果相关的对称是全域的，那么 ASB 的出现是无害的，或者甚至是需要的，正如在全

---

① 武杰，李润珍，程守华. 对称破缺创造了现象世界——自然界演化的一条基本原理［J］. 科学技术与辩证法，2008，25（3）：62-67.

域不变性中的情形，去解释衰变 r° → yy（Bell et al.，1969），或者 QCD 中的无质量夸克的度规不变性，为了获得大质量核子，作为有界的态。

　　Kramers、Bethe、Lewis、Schwinger 和 Tomonaga 发展的代数思想可以概括如下：QED 中的发散项是可以用 Lorentz 规范不变方式确定的，并且可以被解释为原始拉氏函数中的修正了的质量和电荷参量。通过利用物理上的可观察的质量和电荷量确定修改了的或者重正化的质量和电荷参数，所有的发散被吸收进质量和电荷重正化因子中，并且确定的结果与实验上获得的量吻合。因此，Lamb 和 Rabi 的测量可以在重正化的 QED 框架中得到解释。整个重正化范式下的关键假设第一次被 Lewis 提出——Schwinger 在其第一篇关于 QED 的论文中提出，电动力学无疑需要对超高能量的修正，因此为了隔离目前高能理论的这些方面，并且被一个更为令人满意的理论所修改，从涉及能量方面相对是值得的。当一个物理参数是实际上确定的和小的，它的隔离和混合进"裸"参数可数学地确证。暗示了存在的 QFT 的范式的有效领域应该和无效领域相分离，无效领域正是新物理学产生的地方。通过引进截止，将可知的与未知的相分离，在数学上得到了实现，这个截止可以运用包含了小的效应的现象学的参数。Feynman 的有效代数的计算建立在相对论截止的明确使用上。后者包含了一组可重正化的规则，使得用相对论的和规范不变性的方式计算物理量成为可能，但随着截止质量趋向无穷大而在极限上依旧产生了发散。[①] 参数的重新定义成为准分立的数学操作。如果对质量和电荷重新定义，其他的过程对截止值是不敏感的，那么一个重正的理论可以通过将截止趋向无穷而被定义。物理地看，费曼的相对主义的截止与引进的辅助场去取消因为原始场的粒子贡献的无限大。费曼的方法不同于实在主义的规范化理论和补偿理论。后者中，有确定质量和正能量的辅助粒子被假定是原则上可观察的，并且明显地进入哈密顿函数。截止的费曼理论有以下意义：（a）辅助质量被仅仅作

---

　　① CAO T Y, SCHWEBER S S. New Philosophy of Renormalization: From the Renormalization Group Equations to Effective Field Theories [J]. Schwer, 1993, 97: 33–108.

为数学参量使用，最终趋向无穷和不可观察；（b）与辅助粒子相关联的耦合常数是可想象的。实在主义的方法的表征是 Sakata（1947，1950）、Umezawa（1948，1949a，1949b）、Rayski（1948）和其他的物理学家们。形式主义者们发现，除了费曼，Rivier 和 Stueckelberg（1948），Pauli 和 Villars（1949）。

正是 Dyson 作为一个大集成者，展示了从 Tomonaga 和 Schwinger QED 方程得到的 Feynman 的结论和洞见。进一步的结果和洞见被导出，Dyson 可以勾画出重正化 QED 的一个证据。可重正性意味着质量和电荷重正取消了所有的 S 矩阵的发散。可重正性意味着质量和电荷重正取消了所有微扰理论级数上的 QED 的 S 矩阵发散。他指出，重正化 QED 可以是很好的准稳定的理论。经验地，QED 的重正化版本已经获得巨大的进步，因为它的惊人的预言力，在电子的反常磁动量的计算和氢的兰姆位移上，以及在高能电子—电子和电子—质子散射的高能辐射修正上。在 20 世纪 40 年代后期和 50 年代早期，人们希望，通过成功地克服发散困难，QFT 的一个准稳定方式可以被构造起来，甚至，正如 Pauli 指出的，它可能确定理论中出现的粒子的质量和电荷。当不可重正的发散理论可能被吸收进恰当的具体参数中而被取消，一个无限多的参数将被需要，并且这样的理论应该初始被有限多的参数的拉氏函数所定义。根据可重正性原理，带电自旋为 1/2 粒子与电磁场互作用的拉式函数不能包含一个 Pauli 动量。同样地，π 与核子的赝矢耦合被排除。[①]同理，弱相互作用的 Fermi 理论丢失了其作为一个基础理论的地位。一个更为复杂的重正化约束的运用是对 π 和核子在强相互作用上的赝标量耦合的反对。赝标量耦合是可重正的。它的重正化不能实现是因为它产生的辐射修正太大以至于没有办法去确证微扰理论的使用——哪个才是在重正化程序其作用的唯一框架。这个分布关系方法采用 Chew 的 S 矩阵理论方法，反对了 QFT 的整个框架，通过相当数量的

① CAO T Y, SCHWERER S S. New Philosophy of Renormalization：From the Renormalization Group Equations to Effective Field Theories［J］. Synthese, 1993, 97：33—108.

理论家们普及。

Yang-Mills 场的情形（1954a，1954b）受到关注。物理学家们感兴趣于最初的 Yang-Mills 理论，部分地因为它被认为是可重正的，甚至尽管无质量玻色子被规范不变性需要，不能对短距核子力力负责。Gell-Mann 被此理论所吸引，并且试图找到一个"柔和－质量"机制，允许无质量理论的重正性的存在支持规范玻色子质量的存在，但是他没有成功。在 Gell-Mann 失败的地方，Weinberg、Salam 和 Gross 以及 Wilczek（1973a，1973b）利用希格斯机制和重正化群方程获得成功。Yang-Mills 理论的明显的可重正性的证据之后，后来的理论变成 QFT 的范例，构成 Dyson 原始计划的延伸并走向新领域。可重正理论的稳定新问题不同于不可重正的。被严格的公理化场理论家借用分布理论和标准代数做出分许。[①] 非阿贝尔规范理论，特别是在量子色动力学中的渐近自由的发现，希望微扰 QCD 可以取消 Landau 鬼场，并且因此取消了大部分的 QFT 的一致性疑难。然而，这个期望没有持续太久时间。不久人们认识到鬼场在高能级上消失而在低能级上再现。因此，场理论家们被有力地和持续地提醒微扰理论的应用极限。公理化的场理论家们采用了算子赋值场，用无限可微分测试函数定义的分布，这个函数在无穷大处迅速衰减，或者用测试函数有着紧密的支持。根本上来讲，这是对精确的点模型的修正的物理思想的数学表述。在微扰的意义上，自从 20 世纪 70 年代中期，人们花费了很大的力气去运用构造场理论去理解非可重正的理论的结构，去建立在什么条件下非可重正的理论是有意义的。在这些公理化和构造的场理论家们的努力下，已经展示出了思维的开放性和灵活性。然而尽管做出了将近 40 年的努力，表明公理化的和构造的场理论家们在处理希尔伯特意义上的一致性问题上遭遇了相当的困难。

Schwinger 给出重正化范式的哲学洞察，采取定域场算子作为其概念基础，包含了关于物理粒子的动力学结构的假设，这些对高能物理方面是敏

---

① CAO T Y, SCHWERER S S. New Philosophy of Renormalization: From the Renormalization Group Equations to Effective Field Theories [J]. Synthese, 1993, 97: 33-108.

感的。根据Kramers的理解，QFT应该有一个结构自主（structure-independent）的特征，Schwinger把它当作引导原理，重正化程序精确地取消了对高能物理的过程参考，预计相关的小距离的内在结构的假设。因此他将焦点从定域激发和相互作用的世界的假设转移至物理粒子的可观察世界。但是Schwinger发现不可接受的是这个曲折的最初引进物理上额外的结构的假设，仅仅是在最后取消它们为了获得物理上有意义的结果。为了得到他的批判的逻辑的结果重正化在定域算子场理论中是根本的和不可避免的。Schwinger引进了数字上赋值的（非算子）源以及数字场去代替定域场算子。这些源符号化了物理系统的测量干扰。进一步地，所有的相关场的矩阵元、算子场方程，以及对易关系，可以用源来表示。一个作用原理给出了形式上的简单表征。根据Schwinger，他的源理论将确定的量取做基本的，因而没有发散。这个理论足以将新的实验结果容纳进来，并且可以用合理的方式去推算它们。因此，在Schwinger的通往重正化理论终极命运的方式上，就是将其从对自然的描述中去除。他试图完善这个，通过抛弃构成QFT基础的相当的变化的定域算子场概念。Schwinger方法的基础在1951年的论文中提出，并且在20世纪60年代和70年代当重正化原理第一次被挑战被细化。那时，新的重要的关于重正化和可重正化的洞见从使用重正化群方法的研究中被收集到，导致了最有前途的理论家Weinberg（1979）开始认识到Schwinger思想在基础物理学的根本转变。

2.1.1　度规不变性和重正化群方法

QFT框架中度规依赖思想早于度规不变性出现，并且它可以追溯到Dyson所做出的光滑的相互表征中。在这个表征中，相互作用的低频部分可以被分别处理成高能部分，被认为是无效的，除了在产生重正化效应上。在Dyson定义的这个终点上，采纳绝热假设的引导，电子电荷的光滑的变化以及相互作用的光滑的变化，借助于参量的光滑的变化。之后，他指出当 g 发生变化时，在 g 相互作用中些许的修正需要做出修正，为了补偿 g 依赖电荷的改变而发生的效应。连同Dyson的这个思想，Landau和他的同事们一起在一系列具有影响力的论文中建立起一个相似涂抹掉相互作用的概念。[1] 根据这个概念，相互作用的级数应该被看作不仅仅是一个常数，而且是一个相互作用半径必须很快地下降的函数，当动量超过一个值 $P \sim 1/a$，a 是相互作用的范围。随着降低，所有的物理结果趋向有限大。相应地，电子的电荷必须被看作一个相互作用半径未知的函数。借助于这个概念，Landau 研究了 QED 的短距离行为并获得有意义的结果。Dyson 和 Landau 两个人认为对应于电子的电荷的常数是度规依赖的。另外，Dyson 指出 QED 的物理学应该是度规自由的，Landau 更明确地指出 QED 中的相互作用可能是渐近度规不变的。在后期的工作中，特别是 Stueckelberg 和 Petermann，Gell-Mann 和 Low，Dyson 的参量的改变和 Landau 的相互作用范围更进一步地被具体化。随着重正化度规的下滑，或者减去的点。[2] 根据 Gell-Mann 和 Low，参数的度规依赖特征和参数在不同重正化度规之间的相互关系被重正化群所精细化，而物理学的度规自由被重正化群方程体现。然而，这些细化并没有被欣赏，直到 20 世纪 60 年代后期和 20 世纪 70 年代早期——当一个更深刻的度规不变性的思想和重正化群方程的理解被获得，主要是通过 K. G. Wilson 的研究，富有成效的 QFT 和统计物理学之间的相互作用。

理论的度规不变思想更为复杂，不同于物理学在重正化群方程上是自由的。思想理论度规不变性是指在群的度规变换下的不变性。后者仅仅被动力学变量（场）定义，但是不被维度参数，诸如质量，或者度规变换将导致一个不同的物理学的理论。当物理学独立于重正化度规的选择时，如果存在任意的维度参数，理论可能不是度规不变的。

在 Gell-Mann 和 Low 的 QED 的短距离行为的处理中，非常大距离上的值电子电荷是可重正的，理论不是度规不变的。度规不变性在这个情形中被期望是因为电子质量可以被忽略，并且看似没有别的维度参数出现在

---

① CAO T Y, SCHWERER S S. New Philosophy of Renormalization: From the Renormalization Group Equations to Effective Field Theories [J]. Synthese, 1993, 97: 33-108.

② CROWTHER K .Effective spacetime [M]. Weat-Berlin: Springer, 2016: 59-98.

理论中。度规不变性的未预料的失败的理由是完全的电荷重正化的需要：当电子质量趋向0时，存在奇点。然而，当电荷在一个相关能级上被重正化，通过引进一个变小的重正化度规去抑制有效不相关低能自由度，似乎出现渐近度规不变性。这个渐近度规不变性被 Gell-Mann 和 Low 用有效电荷度规定律和裸电荷的本征值条件表示，通过论述对于被测电荷的值的裸电荷自由的一个"确定"值。尽管20世纪60年代 Johnson（1961）提出一个建议，模型应该是度规不变的，在理解度规不变性的本质方面的进步被做出，作为统计物理学发展的一个结果。研究这个领域也是因为量子场算子的值的短距离膨胀和流代数场理论反常的发现。再次强调 QFT 和统计力学的相互作用，这已经在 Wilson 的思想的形成中被察觉，在发展中发挥了巨大的作用。概念上，这样的相互作用是非常有趣的，并且是非常复杂的。在1965年，Widom（1965a，1965b）提出了度规定律为接近临界点的态的方程，概括了更早时候 Essam、Fisher（1963）和 Fisher（1964）所关注的临界指数之间的关系。Wilson 困惑于 Widom 的工作，因为它缺乏理论的确证。Wilson 熟悉 Gell-Mann 和 Low 的工作。进一步地，他已经为重正化群分析建立一个自然基础，伴随着建立晶格场理论，通过解决和取消问题中的动量度规。同时，Wilson 认识到应该存在 Gell-Mann 和 Low 思想在临界现象上的运用。一年之后，Kadanoff（1966）推出的度规定律，运用的思想是——根本地体现在重正化群变换中——临界点变成度规依赖参数变换的一个固定的点。Wilson 迅速地吸收了 Kadanoff 的思想并结合进自己的关于场理论和临界现象的思考中，揭示了度规不变的概念。

Wilson（1969）重新形式化他的 OPE 理论，将其建立在新的度规不变性思想上。他发现 QFT 可能是度规不变的，在短距离上，如果场算子的度规维度被经典的度规不变性的对易关系需要，被处理成为新的自由度。这些度规维度可以通过场之间的相互作用而改变并且可以获得反常值，这些在数学上对应于临界现象中的非凡指数。最重要的关于 QFT 这个基础变换的意义是来自统计物理学的巨大的进步，可以用 Wilson 所指出的两个概念来概括：（a）定域理论的统计连续统极限；（b）重正化群变换的定点。[1]首先，Wilson 指出统计物理学和 QFT 描述的系统体现了各种度规。如果诸如定义在时空上的电子场连续可变，它们自身是自由变量并且被假定形成一个连系续统，这样函数积分和导数可以被定义，那么可以用体现在各种度规上的统计物理学和 QFT 描绘一个系统。如果连续变量的函数根据时空定义电子场，它们自身是自由变量，并且假定可以形成一个连续统，这样函数积分和导数可以被定义，那么可以定义一个统计上连续的极限，被特征度规的缺乏表征。这意味着在所有度规上的波动互相耦合并对进步做出等价的贡献。在 QED 计算中，这个典型地导致代数发散。因此重正化对于这些系统的研究是必须的。统计连续极限的概念在 Wilson（1975）对一般的 QFT 的思考上占据核心的位置，特别是在重正化上，被反映在他的陈述中："标准的重正化程序的最糟糕的特征是它没有给出统计连续统极限的任何洞见"。

其次，在各种重正化度规上的各种特征参量反映了重正化效应的度规依赖。这些参量互相相关，借助由重正化群方程描述的重正化群变换。在这个意义上，重正化群方程研究高能 QFT 的行为，通过以下的理论有效参数的变化，因为理论度规的反常破缺。一个更为有力的观点是基于维度变换的概念。理论的度规不变性等价于理论中度规流的守恒。定义度规流，需要重正化程序，作为同一点上两个算子的积，度规流包含了紫外奇点。然而，甚至在没有维度参数的理论中，仍旧必须引进一个维度参数作为一个减法点，当重正化时，为了避免红内发散并且为了定义耦合常数。这破坏了理论的度规不变性。引进一个维度参数的必要性被 Coleman，Weinberg（1973）称作"维度变换"。精确地讲，因为维度变化，度规不变性在重正化理论中是不可避免的反常破缺，尽管这个破缺的影响被重正化群方程描述。在统计物理学中，重正化群方法影响了不同度规层次上的物理学之间的关联。通过将不相关的短距离上的关联横向扩张，并且通过放置稳定的红内定点，各种描述的概念统一成为了可能，诸如基本的激发（准粒子）

① 李新洲.物理学的统一之路［M］.上海：上海科技教育出版社出版，1989.

和集合（声子，等离子，自旋－波）各种临界行为的普遍性的解释，以及序参数的计算和关键参数 。在 QFT 中，同样的方法可以被用于阻止不相关的低能自由度，并且去找出一个稳定的紫外定点。在两个情形中，方法的本质正如 Weinberg（1981）指出的，关注于某个问题的相关自由度，并且目标是找到重正化群方程的定点解。

根据 Wilson，QFT 中的定点是 Gell-Mann 和 Low QED 中的裸电荷的本征值条件的一般化。在定点上，度规定律认为，要么在 Gell-Mann-Low-Wilson 的意义上，要么在 Bjorken，理论是渐近度规不变的。度规不变是在非定点上破坏了的，而这种破坏可以用重正化群方程被追踪。明显的是如果重正化群方程拥有稳定的紫外定点解，那么在场理论中，高能行为不会引发困难，并且它被 Weinberg（1978）称为渐近安全的理论。渐近安全的理论可能是一个可重正化的理论，如果这个定点是高斯定点，然而 Weinberg 指出，用一个五维标量场的具体案例支持他的立场，渐近安全的概念比可重正性的概念更为一般，因此可以解释并且代替它。事实上，可能存在的案例是，其中的理论是渐近安全的但是不是可重正化的，按照一般的意义，如果它们与 Wilson-Fisher 定点相关联。

这部分的概念发展总结如下。在多度规系统中，度规互相耦合并且没有特征度规，诸如被 QFT 所描述的，度规不变性常常是反常破缺的因为重正化的必须。 这个破缺展示了在 OPE 框架中，场的反常度规维度，或者在不同重正化度规上的各种参数的变化被重正化方程控制。如果这些方程没有定点解，那么它们不是渐近度规不变的，并且理论是严格非可重正的。如果它们拥有定点解，那么它们是渐近度规不变的，并且理论是渐近安全的。如果定点是高斯函数，那么理论是可重正的。但是可能存在某些渐近安全理论，这些理论是非可重正的，如果定点是 Wilson-Fisher 定点。借助更基本的渐近安全的指导原则的出现，作为重正化群方式的结果，重正化原则的基础性受到严重挑战。

根据重正化群方法，不同的重正化方案导致不同的理论参数化。在选择适当的重正化描述方面的自由度的重要性方面，被体现在退耦公理中，首先被 Symanzik（1973），之后被 Appelquist 和 Carrazzone（1975）提出。
这个公理是关于可重正化理论的，其中某些场具有比其他更大的质量，并
且给予能级计算论断。这个公理指出在这样的理论中，一个重正化方案可
以被建立，这样重粒子显示出从低能物理学中退耦，除了被一个重物质分
割的实验动量。对这个公理的一个重要推论是被有效场描述的低能物理学
（有效场论，EFT），容纳了那些被延吉地能级上的重要的粒子：不需要
解出所有的描述轻重粒子的理论。有效场论的获取是通过去掉所有的重场，
从完全的可重正理论中，并且恰当地重新定义这些耦合常数、质量和格林
函数度规，运用重正化群方程。明显的是，EFT 物理学的描述是语境依赖
的，被可获得的实验能量确定，因此可以紧密地与实验情况保持联系。这
个 EFT 语境依赖被体现在有效截止上，这个截止通过与 SSB 相关的重质量
表现出来。因此，借助退耦公理和 EFT 概念，出现一个 QFT 提供的自然
界的层级图景，解释了为什么任意层次上的描述是稳定的并且不能被高能
级上的行为干扰，因此而可以用于这样的描述。

在潜在的重正化群方式和 EFT 思想之间看似有着明显的冲突。当前者
的预言是在被考虑系统特征度规的缺乏下，后者采用了重粒子的严重的质
量度规，其中质量度规发挥了低能物理学中，只涉及轻粒子的物理截止或
者特征度规的角色。冲突迅速消失，然而，重粒子仍旧对 EFT 中的重正化
效应做出贡献。因此 EFT 中的重粒子的质量度规实际上扮演了伪特征度
规的角色，不是真正的。这样的伪特征度规反映了不同能级度规上的层级
耦合，但是这并不能改变系统的本质特征，即特征度规的缺乏和不同能量
度规上的波动的耦合。① 当某些高能和低能度规之间的波动耦合广泛存在，
并且在低能重正化效应上展示了自身，其他都被阻止，并且揭示了在低能
物理学上没有可观察的线索。以上断言的退耦不是绝对的，是被重要的规
则强化，低能物理学上的重粒子的影响在某些环境下是直接可被探测到的：
第一个选择表现出悖论，第二个表现出对重正化基础的挑战，并且不久获

---

① MULLER F A. Elementary particals and matephysical: New directions in the philosophy of science [J]. The philosophy of science in the European perspective 5，Springer，2014：417–431.

得动量和普遍的欢迎。除了与重正化的新的理解相协调和一致，重视非重正的相互作用也被某些其他的观点所支持。非可重正的理论是由足够的韧性去容纳实验和观察，特别是在引力领域中。它们拥有着预言力，并且可以证明这种能力，通过采用越来越高的截止。因为它们的现象学的本质，它们比可重正的理论在概念上更简单，这被Schwinger所强调，涉及了物理上粒子动力结构的不相关的思考。EFT原始框架中，可重正性是其概念基础，非可重正性理论作为可重正理论的低能近似，保证了作为辅助设计的地位。当实验上可得的能量到达它们的截止，并且新的物理学开始出现，它们变得不正确，并且必须被可重正的理论代替。在Weinberg渐近安全理论框架中，非可重正的理论必须获取更基础的地位。

然而，如果将EFT的潜在的基础推向其逻辑结果，那么在图景中就出现一个根本性的变化，并且出现一个新的图景；一个新的QFT的解释被建立起来，而一个新的QFT的理论结构等着被开发。用这个方法，截止上的非可重正化的相互作用高能级行为将被恰当地采用：（a）重正化效应的变化，因为截止的改变而引发，并且通过重正化群方程是可计算的；（b）附加的非可重正化的对应项。因此，在任何发展阶段，截止常常是确定的并且被给出一个实在主义的解释。除了有限大的截止，也发现两个新的成分，在以前的QFT中是不存在的或者被禁止，但是在新形式的QFT结构中是合法的。这些是各种重正化效应有着确定的截止的改变，并且非可重正的对应项因为有限大的截止的引入而合法化。这些重正化方面的概念上的基础性变换，部分地源自内在的概念演化，并且统计物理学中的进步激发了很大程度的发展，提供了肥沃的土壤去接受和进一步发展Schwinger的洞见。这些被他的重正化理论的批判者们推进，并且作为QFT的算子形式，在他的源理论形式中被细化。在新的QFT形式中，重正化已经变成越来越复杂的形式，已经获得了预言能力，并且因此变成一个更为强大的计算工具。

2.2 重正化技巧的数学形式

2.2.1 重正化技巧及语境

重正化技巧的形成分别为以下几个阶段：相互作用的重正化、重正化群、重正化原则的形成。其中涉及重正化的数学形式及其特征，实验事实及其特征。重正化技巧形式语境的形成经历了发散语境到截止语境的转变，其中的关键因素在于截止的实验测量值的获得。

1. 发散

量子电动力学中的发散困难被带到量子场论中，狄拉克、约旦、海森堡和其他人建立了存在发散的形式化的量子场论。

$$\Gamma(N)(p_1, \cdots, p_N) = \Gamma + \lambda \cdot \Gamma + \lambda^2 \Gamma_2 + \cdots \qquad (2.1)$$

如在 $\lambda \phi^4$ 理论中（四维时空），展开式中存在的发散项的修正是二次的和对数的。泰勒（1995）对此做过代表性的发言："无限的发生，使考虑到某些致命的缺陷影响了基础理论……"

2. 从截止到收敛：重正化的引入

$$\Gamma(p, \Lambda) \sim \Gamma_0 + \lambda \cdot \int d_4 q / q^2 + \lambda^2 \int d_8 q / q^8 + \cdots \qquad (2.2)$$

这个发散描述拥有动量上限情形的量子场论，等价于拥有较低边界的情形。第一阶的结果中很多量与实验很好地吻合。发散的收敛是个分隔问题——通过引入截止值确定。Λ 是动量积分的上限。

3. 截止的物理学根据：被测质量和电荷

1928 年，当物理学家们进展到第二阶时，发现结果是无限大。然而，没有已知的物理影响去决定截止理论——因此截止理论被破坏了。"重正化"理论的质量和电荷参数取消 $\Lambda \to \infty$ 极限下被测值与被设计的"裸参数"以便得到发散截止。参数本身必须是截止的函数。例如：

$$质量 \ m \to m_0 \equiv m - \Sigma(\Lambda, \mu) \ 裸质量 \qquad (2.3)$$

通过这些替代获得截止理论，这个处理过程是机械的。特别是"被重正的"理论依赖于关联的"被重正参数"的裸理论。[①]

总之，重正化程序存在几种不同的方式。理论的正规化意味着将发散变得有限而进一步去修正它。例如，将积分修正到某个高能截止上，或者将理论的时空维度数从 4 变到 $d=4-\varepsilon$，促使紫外区域对数发散积分的有限化。正规化后，根据某些先有的范式，潜在的发散被隔离并消除，正规化参量的消除表现形式为源理论减去发散。在正规化理论中，需要特别小心的是对称的处理。然而，重正化导致了反常，破坏了非可重正模型的某些对称。反常不是理论中的人工构造，例如轴反常对 $\pi^0 \to \gamma + \gamma$ 的衰变率有贡献。

另外，正规化和重正化的选取具有任意性，这样的可观察量被认为是独立的。这在形式上意味着重正的表征必须满足某些可重正群方程，以便反过来可以提供相关的物理信息。例如，在 QCD 中，夸克的相互作用属于极短距离上（渐近自由）随着密度的改变而衰变。

4. 不同结构的重正化语境

Arianna Borrelli 将重正化程序分为两种："减法程序""合并程序"。

① "减法程序"。带电粒子和辐射场之间的耦合，微扰方法在高阶计算上总是出现无穷大量，为了获得原子的有限能量，必须去掉自能项，理论不再是相对论不变的。如果保留自能项，无穷大来自电子与它自己的场的相互作用。奥本海默认为，发散困难使得量子场论与相对论不相调和。在狄拉克真空思想基础上，研究光锥附近的密度矩阵奇点，矩阵的形式可以自然地表示成奇点项及对应于电子和正电子分布的电密度和电流密度。克拉默斯认为，通过消除电子的固有场，电磁质量必须包含在物理电子理论中。这成为施温格形成其重正化理论的指导原则。

② "合并程序"。丹科夫对散射过程的研究指出，与这类相互作用对应的发散项源于真空极化公式，可以被合适的电荷密度重正化消除。贝特

① HUGGETT N. Renornaliztion and the disunity of the science ［M］//Ontological aspect of quntum of field thoery，New Jersey：World Scientific，2002：255-277.

将电磁质量效应从量子过程中明确区分出来，将其合并到观测质量效应中。

他们的共同点是都认为量子场论在实验上的适用范围是有限的，通过数学上引入截止，分离可知和不可知能量范围，用唯象参量图式化。温伯格的哈密顿正则变换正好满足了形式上无穷大项有穷部分的无歧义分离。温伯格发现出现发散的基本现象是真空极化和电子自能。本质是基于电子 – 正电子对称的真空假设的场之间真空涨落的相互作用。对发散现象的理解结合数学工具得出的结果与实验很好地相吻合。这证明了微扰重正化理论的正确性。

5. 重正化群的构造及其语境

在重正化方法的启发下，物理学家们转向构造大统一理论（Glashow 1974；Fritzsch et al.，1975）。物理量是客观的，应该与剪除点的具体选择无关，所以当剪除点变化时，有关的物理量应当保持不变，表示剪除点变化的变换就叫作重正化群变换，这种在变换下的不变性的思想，即对称性思想。[①]

重正化群（renormalization group）是物理里面一个处理多尺度问题的重要思想。

它的一些基本概念可以用一维的伊辛模型（Ising model）去解释，下面来了解一下。

其哈密顿量为 $H=-K\sum_i S_iS_{i+1}-h\sum_i S_i$。先不考虑外磁场 h，可得配分函数，其中

$$Q(K, N) = \sum_{s_1, s_2, \cdots, s_n = \pm 1} \exp[K(\cdots+s_1s_2+s_2s_3+s_3s_4+s_4s_5+\cdots)]。$$

要求出配分函数就得处理上面的求和问题。

首先把求和划分一下：

$$K=J/k_BT,$$

再对偶数的自旋进行求和：

$$Q(K, N) = \sum_{s_1, s_3, s_5, \cdots} \{\exp[K(s_1+s_3)]+\exp[-K(s_1+s_3)]\}$$

---

① 纪青. 重正化群与临界现象［J］. 原子核物理评论，2004，1（2）：174.

$$\times \{\exp[K(s_3+s_5)]+\exp[-K(s_3+s_5)]\}\cdots,$$

$$Q(K,N)=\sum_{s_1,s_2,\cdots,s_n}\exp[K(s_1s_2+s_2s_3)]\exp[K(s_3s_4+s_4s_5)]\cdots。$$

这样就降低了原来的求和自由度（粗粒化）。

$$e^{K(s+s')}+e^{-K(s+s')}=f(K)e^{K'ss'}。$$

一个很自然的问题是，N 个 spin 和 $N/2$ 个 spin 的配分函数是不是存在某种关系（耦合系数可以不一样）？答案是肯定的。假设存在这种函数关系，就可以得到

$$Q(K,N)=\sum_{s_1,s_3,s_5,\cdots}f(K)\exp(K's_1s_3)f(K)\exp(K's_3s_5)\cdots$$
$$=[f(K)]^{N/2}Q(K',N/2),$$

上面的转换关系也被称作 Kadanoff transformation.

将 $s=s'=\pm1$，$s=-s'=\pm1$ 代入，就可以得到如下关系：

令

$$K=(1/2)\cosh^{-1}(e^{2K}),$$

$$\ln Q=Ng(K)。$$

就变成和自由能相关的量，可以得到重要的递归关系：

$$K'=(1/2)\ln\cosh(2K),$$

$$f(K)=2\cosh^{1/2}(2K)。$$

表 2.1 多维相变化

		K	Renormalization group	Exact
Successive application of RG equations （c） and （d）	↓	0.01	ln2	0.693 197
		0.100 334	0.698 147	0.698 172
		0.327 447	0.745 814	0.745 827
		0.636 247	0.883 204	0.883 210
		0.972 710	1.106 299	1.106 302
		1.316 710	1.386 0.78	1.386 080
		1.662 637	1.697 968	1.697 968
		2.009 049	2.026 876	2.026 877
		2.355 582	2.364 536	2.364 537
		2.702 146	2.706 633	2.706 634

则

$$g\left(K'\right)=2g\left(K\right)-\ln[2\sqrt{\cosh\left(2K\right)}]。$$

这个递归关系和上面的变换关系就叫作重正化方程，容易证明 $K>K'$。这个方程可以通过迭代求解。

当然一维的伊辛模型不存在相变，因为下面两个不动点之间不存在其他的不动点。

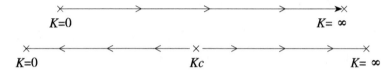

图 2.1 二维相变的简化表述重整化的实际发生方式

二维可以做类似的变换（虽然复杂一点），不同的是这里存在一个相变。[①]

一个系统的物理行为可以由它的哈密顿量完全确定，对于具有标度不变性的系统，有理由要求它在粗粒化前后的曼哈顿量具有相同的形式，描述同一个物理系统的哈密顿量之间建立起与标度因子有关的变换关系，这种变换就叫作重正化变换。关于耦合常数的重正化群变换的具体形式决定于粗粒化的具体做法。能够用来对临界现象进行定量描述的最重要的可观测量是那些临界指数。为了求出临界指数，考虑热力学极限，即令粒子数趋于无穷，体积趋于无穷。对于无穷大的体积可以进行无穷多次重正化群变换。由于重正化群变换通常是非线性变换，所以无穷多次重正化群变换通常会达到某种不动点。不动点可以是稳定不动点，也可以是非稳定不动点。相变现象对应的是非稳定不动点，由不动点所满足的方程就可以求出临界指数。

可以看出，在用重正化群方法处理现象的整个过程中，每一个关键的步骤都以系统表现出的主要物理特征为基础，而不是把系统牵强地放进某个所熟悉的框架内，再通过调参数的方法去凑数据。那种做法既不能增加

① GOLDENFELD N. Lectures on Phase Transitions and the Renormalization Group［M］.Addison-Wesley Publishing Company，1992：16–19.

新的理解，更不敢对任何新的实验现象作定量的预言，而重正化群方法由于忠实地反映了系统本身的物理特征，它对临界指数的计算结果更接近实验值，与朗道理论的计算结果相比，其精确度提高将近一个数量级。这种根据物理系统本身的特性来建立其理论描述体系的方法，就是重正化群理论建立的特征。

2.2.2　重正化技巧的经验性

作为重正化方法的创立者之一的狄拉克认为：重正化的成功运用没有可靠的数学基础，也没有令人信服的物理图景。数学上，重正化要求忽略无穷大而非无穷小。这是人为的，不合逻辑的，应该放弃。曹天宇持相反的意见：量子场论的形式体系包含来自与高能虚光子相互作用的非实在贡献。这植根于算符场和由定域算符场所产生的局域激发的概念之中。从语境看，重正化可以理解为将注意力从有关初始局域激发和相互作用的假设世界，转移到物理粒子的可观测世界的视角。重正化是量子场论中解决无限大的技术性设计。在成功地澄清量子场论的概念基础后提升至规范原理的地位，并指导理论构造和理论选择。

① 重正化群方法展示了量子场论的经验内容。它们建立起一个更为明白的程序去推出经验的预言（例如 S 矩阵元）。重正化群方法提供了数学上更为乐观的方法去进行计算，并且他们的概念和物理结构更清晰。重正化群方法的特征诸如用于分析流和定点的框架，通过揭示高能标的物理和低能标上的经验预言，展示了量子场论拉氏函数空间中的经验结构。理论和经验之间的沟壑被架构起来。

② 重正化群方法对量子场论经验内容的描述以及在经验内容和理论内容之间的本质关系上做出了重要的贡献。然而，重正化群方法并未展示量子场论的理论内容。出于这个原因，诉诸重正化群方法并不决定理论原则的哪个组合更适合于量子场论。重正化群方法保留了量子场论的经验内容而非理论的内容，注意到构造的量子场论家们致力于采用重正化群方法用于模型构造。目标是为了找到数学上严格的技巧。量子场论家们能开发出

重正化群方法——即使他们反对拉氏量子场论的理论内容——重正化群方法关注于理论的经验结构而非理论的内容。[①]

在量子场论中,存在理论层次与经验层次相分离的方面。一般来说,(相对论的)量子场论是考虑了相对性的和量子的场的任何理论。理论属于某些类型的现象,诸如 QED 和量子色动力学,视为一般性意义上的量子场论案例。一般意义上的量子场论的理论内容可以被阐释清楚。这在传统上可以被看作量子场论公理化图景的目标,代数量子场论的 Haag–Kastler 公理,例如,目的是被用于量子场论的任意案例中。Haag–Kastler 公理不适用于任何具体的动力学。这是为什么需要构造模型以便获得某个系统的预言(或许除了自旋和统计之间的关系,如果这被视作一个预言)。

量子场论的一个例子必须被具体化以便获得经验的预言。一般意义上的量子场论是一个动力理论的关于相对论的量子理论的更高层次的理论框架。一般性的量子场论相对论的量子场论和量子场论的一个案例之间的区别类比于动力学上广义上的拉氏形式和具体的拉氏函数动力学理论的案例之间的区别(一个非类比:拉式函数形式,当然,是一个更一般的动力学框架与相对性的量子场论,因为狭义相对论对允许的动力学上加约束)。事实量子场论既可以在一般性的层次上,也可以在具体层次上被研究解释为什么对于代数量子场论是可能的,去构造进步在量子场论没有获得任何具体动力系统预言情况下形式化其理论内容。

尽管它们有着长期的结果,在这个主题的内在发展上,在对科学理论的基础的理解上的变化并没有形式化的对科学实践和场理论家们的理论概念产生巨大的影响。这是因为矛盾的基本图式并不是通常与现有的科学实践相冲突,并且大部分沉默的科学家们将形式地依赖于他们的经验而非从一个基础问题的新的理解图景去推出他们的启发。但是,正如试图去澄清,决定依靠选择一个基本的图式,要求某些专门的技能而非

---

①　SMEENK C, MYRVOLD W C. Introduction: the philosophy of quantum field thoery [J]. Studies in History and Philosophy of Modern Physics, 2011, 42: 77-80.

科学经验,尤其需要在概念分析上的才能,主要通过逻辑的和哲学的研究,以及哲学史的和科学哲学的——以及从科学史的研究获得的历史洞见。

基于案例分析,重正化的理论形成和选择过程蕴含着各种非证据类因素,是理论的过程性、经验证据的动态性和认知主体的语境性互动。在不断的去语境和再语境的动态发展中,逐渐成熟。它是对语境实在的当下"言说"。这种"言说"的表达方式更像以技术的方式传达。

2.2.3　小结

重正化纲领是量子场论的一个重要的基本原理。起始于数学理论中无限大发散量有限化解决的需求,以被实验测量有效值的替代而告终。这个数学和实验之间的对应性处理不是任意的和武断的猜测,也不是工具主义意义上的科学奇迹,它是专家在已有数学形式与实验认知和认知主体的情境性系统调和,是对此刻的语境实在的当下"言说"。重正化方法所保证的也是在特定语境下理论模型对相应的自然界层次上内在机理的一种整体性模拟,这种模拟本身是对自然界的理论思考和认知内容的表达,是科学家超越现象的限制,扩展科学认知的范围,创造新符号的一种灵活的智力工具。专家在长期的语境化认知过程中,形成的瞬时判断和回应是直觉的、无表征的和语境敏感的。由于兴趣和环境的变化,重正化历史类似于其他的理论,会被改写。

2.3　重正化与非充分决定性命题

本节内容以发散问题两种解决方案的哲学争议为例进行阐述。

Weinberg 在 1980 年的诺贝尔获奖致辞中指出,电弱理论获得的贡献不仅来自 $SU(2) \times U(1)$,但如果没有可重正性原理的指导,理论则丧失了预言能力。重正化理论的重要性对于量子场论如同测量难题的解决对于量子力学的解释一样。高能基本粒子的产生、湮灭、质量起源——"上帝粒子"的希格斯机制,都用重正化的数学语言解密,但是重正化理论的哲学基础却看似含糊不清。故而反实在论者以非充分决定性论题作为矛头，利用重正化哲学基础的问题作为攻击实在论者的平台。

非充分决定性论题的重提在于，量子场论中的发散问题有两种解决方案：公理化的代数量子场论方案和从经验构造方法而来的主流粒子物理学中的"正则"量子场论（CQFT）方案。反实在论者认为代数量子场论和正则量子场论是对立的范式，都被用于解决重正化理论中的数学的和物理的反常。基于以上，本书追溯了重正化哲学研究中反实在论的非充分决定性论题的提出，引入结构实在论对反实在论者的非充分决定性论题的回应。并进一步指出，结构实在论者使用语境化论证策略的方法特征。

2.3.1 量子场论语境下的非充分决定性论题的提出

本节内容基于解决发散问题的重正化方案和公理化方案的两条路径。

重正化方案和公理化方案体现了现代物理学界构造物理学理论的两个主流方案，也是物理的经验主义和数学的柏拉图主义的两种哲学源流的延续。然而，这两种数学物理方法的发展，在历史的过程中又是互相交织、互相影响的，无法完全清晰分割界限的，往往是其中一种的发展启发并推动了另一种方法的使用，或者其中一种的发展是被迫的权宜之计，继而催生了物理学家理论构造的灵感。

1. 重正化方案

量子场论的核心数学表达形式是用拉格朗日函数为场确定理论。然而，该方程中场在一个连续统中系统的点场算子并没有得到好的定义。粒子的计算是以数学的散射幅值的微扰论的近似演绎结果。为了给出严格意义上的理论，算子通常运用测试函数被"涂抹"。这样的处理是运用经验的测量数据代替数学中的无限大部分。进而，重正化模糊了理论的和经验的QFT的逻辑关系。重正化给出的理论的近似表明了实验既不是对环境的精确描述也不是严格的演绎可能，而是数学的必要的一般化和理想化的处理。这个处理必须"猜测"演绎是如何跳过逻辑的步骤运用跳跃的灵感，得到相同的演绎结果。而量子场论大部分的计算都是运用了这样恰当的近似，也构成了正则量子场论的核心内容。但是，这个技巧甩掉无限大的形式不是演绎的，称为微扰论。

微扰论是近似方法，类似于凝聚态物理学中的晶格理论。晶格理论的特点是连续区域的连续相变在临界值处会突然发生急剧相变，临界值称为临界点，重正化就对应这个临界点处的数学处理。当计算上遇到无限的发散时，采纳截止的方法使得计算以有限的形式存在，将截止趋向无穷大时，辅以重正化，对应的理论称为裸理论，这样的理论族的所有临界点共同构成一个临界面。每个裸理论的物理学由对应的重正化理论所获取，通过构造确定的截止值而有限化。重正化理论的极限需要经验上寻找证据：通过参数空间的拓扑证实这个假设。在极限下，如果用画图的方式去观察，发现参数空间在图表上的轨迹显示始于接近于临界面处，因此有了定义很好的连续物理学。在临界面描述了好的物理学，展示为确定的不稳定丛的理论。既看到作为连续 QFT 的证据，也看到重正化更早时候描述的微扰理论。采用裸理论的连续极限去获得对应于重正化理论确定的物理学。因此，定义在连续统中的 QFT 和在临界面上重正化提供的参数空间理论及其物理学说明：取消发散需要一个临界理论——挑出重正化度规决定所获取的理论。因此，在微扰论中重正化扮演一个关键的解释性角色——从基础理论导出 QFT 现象的必需的步骤。

总之，假设一个理论近似安全，通过重正化将它调整到一个合适的点上固定下来。量子场论在某些截止值上变换成别的能级的理论，在截止值之外是连续的稳定的理论，重正化把相变临界处的现象进行形式化表达，理论分割成两个部分。标度极限下所得理论"忘记了"截止的细节，短尺度下形式的多样性在极限情形下获取同样的结果。因此，得到一般性的解释——不同物质在小的同样尺度下的物理学行为没有了差异。实践表明：统计连续统极限的运用（又叫重正化群——RG 方法）是有效的重正化理论技巧。统计连续统的运用是晶格作为非物理的假设被引进的，其恢复了无限自由度的理论的连续。RG 方法展示了 QFT 的经验内容，建立起一个更为明白的程序推出经验预言（例如 S 矩阵元）。提供了数学上更为乐观的计算方法，有更为清晰的概念的和物理的基础。这是对重正化理解的两个贡献。RG 保留了 QFT 的经验内容，这是构造的量子场论家们致力的模型。但是，还有些物理学家们不满足于这样的不太严格的数学形式，希望运用公理化的方法构造量子场论。

2. 公理化方案

相比较正则量子场论的定域性、经验性的构造过程，公理化的量子场论更追求全域的、演绎的理论过程，对演绎系统根本原理的探索是终极任务。如沃勒斯（Wallace）就认为代数量子场论（AQFT）处理重正化的方式是追溯到第一原理。[①]AQFT 是"量子场论通过某些类似公理的东西形式化，假设量子场是算子 –（或者代数 –、元素 –）赋值分布，以至于场算子（或者代数元素）可以与任意小的时空开子集相关联"。AQFT 和它的模型在数学上按照设计定义具体化了数学公理上每个项的可观察量的代数属性，即严格满足数学条件的 C*– 代数（例如，微观因果地）。构造可以获得希尔伯特空间的对应态以及对应的有界自邻算子集合，所有都是定义好的——数学形式的系统性追求，代替了经验上的充分性。相比较，正则量子场论通过具体经验的案例的构造——将场算子与每个时空点关联起来，修改这些理论以便取消无穷大显得太过随意。但是，代数量子场论到目前为止不能很好地建立四维量子场论以超越正则量子场论已有的成就。

然而，拥护代数量子场论的物理学家和哲学家们都普遍坚信，QFT 的统一工程，目标是形式化理论，将狭义相对论和量子原理整合在一起。统一的理论是内在一致的，被引起的原则是很好设计的。AQFT（或者备选的公理化形式）满足了统一计划的最小成功标准。公理化方法和大部分经验构造的理论的差别不同于物理的严格性和数学的精致性之间的分

---

①　WALLACE D. Take particle physics seriously: A critic for the axiomatic quantum field theory[J]. Studies in History and Philosophy of Modern Physics，2010，41：001–013.

歧。目前还不能建立一个好的公理化的模型与 CQFT 对应的理论对应。

可见，追求理论内部的一致性，数学形式的统一性，是代数量子场论试图通过形式的完整超越正则量子场论的经验的解释的努力所在。然而，从经验证据来的理论的非充分决定性又一次在理论和经验之间的关系问题上，为量子场论的实在性提出了挑战。

3. 重正化与非充分决定性

2009 年弗雷泽（Fraser）指出 QFT 中所有实验都是理论非充分决定性的证据被用来支持反实在论[①]。沃勒斯并不认为在 QFT 中非充分决定性支持了反实在主义，指出 CQFT 可以放在数学足够安全的基础上。他们二人代表了公理化的物理学和构造的物理学在重正化理论的哲学基础上的两种不同立场。

构造的量子场论家们主张从经验出发得到的理论可以达到认识论意义上的确定性，这是基于经验的构造和主观历史的理论选择共同形成的。然而，事实上，公理化的量子场论家们试图建立的 AQFT 一般模型是不存在的，如，非渐近自由互作用情形的 AQFT 模型是不可能的。Jaffe 认为基于精确性，量子电动力学必须建立在数学基础上。构造公理化量子场论的理由是，一个函数的非法延拓很容易会给出无限多的"可重正化"参数。经典量子场论倾向于经验建构，代数量子场论追求结构的稳定性。

数学上的发散，对应的解释是任意高能量的虚过程，虚过程的存在导致了不可定义的无限大量。因此，发散困难不是外在的，它们是内在于 QFT 本性的：在 CQFT 形式中是内在的。因此，公理化场论家们指责重正化 QFT 框架描述强弱相互作用数学形式和概念上是双重不稳定。这是支持非充分决定性的根据，也是实在论面临的难题。

通过回顾这段数学物理学历史可见，重正化群方法表现了从经验上升到达理论构造的方向：不同领域的理论本体的经验输入提供了现象学方法

---

① FRASER D. How to take particle physics seriously: A further defence of axiomatic quantum field theory [J]. Studies in History and Philosophy of Modern Physics, 2011, 42: 126–135.

的重要性。但是，狄拉克批判重正化将无限大代替以无限小——这个程序与通常的数学习惯相悖。更为严重的挑战表现在微扰理论的破产。因此，场理论家们被有力地和持续地提醒微扰理论的应用极限。QFT 的数学结构的获取方式，给出科学理论的新形象——即科学理性对自然的描述是一个在变化了的环境下不断修改的过程。尤其是临界现象的研究表明，从一个现象学领域获得的物理洞见，完全可以被用于不同的领域（连续场），凝聚态物理学的连续统的晶格形式的晶格临界现象可以被用于量子场论。

微扰论只是为了获得精确量子场论的近似方法。它并不是充分的，而且纯粹地运用必须辅以重正化，引发的问题是重正化在（近似）演绎中充当什么可能的角色。量子场论中的发散并不是来于微扰图式，而是来自这样一个事实：量子场论仅仅在某些具体值的耦合之上的区域拥有连续形式。①

基于以上的背景分析，非充分决定性的提出，在认识论上表现为：在什么意义上 QFT 的"理论原理"与理论的经验内容脱离？作为尺度的分隔的结果，为什么允许重正化技巧的使用，而不是运用理论原理作为成功的 QFT 运用经验中的展示，并采用分离和澄清这些原理的方案？

总之，由于经验归纳的不可穷尽性，导致单纯依赖经验去选择理论是认识论上的非充分决定性的原因。不同理论体系中的概念系统的不同导致语义学和本体论上的非充分决定性。反实在论者基于此质疑，数学的无限的符号演绎和物理的有限经验的约束共同作用如何达到对实在的确定性的描述，成为实在论者需要给出理由的当务之急。

2.3.2　发散困难语境下量子场论的非充分决定性论题的内涵及症结

反实在论者就非充分决定性论题在发散困难的解决方案的选择上表现出哲学的三方面难题需要科学实在论者去回答。在本体论上，多元本体和一元本体之间的非充分决定性；在语义学上，如何保证概念的稳定性，以

---

① CAO T Y. Can we dissolve physical entities into mathematical structrures? [J].Synthese，2003，136：57–71.

及语义的连贯性和和逻辑性引发的非充分决定性；在认识论上，经验优先和数学演绎哪个更具基础地位引发的非充分决定性。

1. 本体论上的非充分决定性

重正化方案给出的是原子主义的多元本体，表现为各个分层是各自结构自主的。每个层次以下高能行为的研究对于上层低能现象而言是未知的，用原子无内部结构模型代替。后者被认为属于准自主领域，每个层次有着自己的本体论和相关的"基础"定律。公理化方案是演绎主义的，几何思维是主要特征。公理化给出的本体论是一元的数学的原子实体，突出原子概念的几何内涵。通过对量子场论历史的形成过程分析，可以看到，物理的结构，诸如超导、原子、核子，表现出的质的特征，是数学的形式结构所不能表达的。数学的形式结构更像是各种质之间的纯粹的关系。因此，物理结构是本体论内容上的结构特征，物理的结构是质料的东西捆绑形成的结构，而数学的结构是认识论意义上的关系性的，是在相互作用的质料的分析的认知中建立起来的，但是它们有显然是依托于经验的实在而得到的，反过来反映了物理实在的结构特征。

基于实体的原子主义的本体论的粒子的无结构假设（建立在不可视性概念基础上）在经验解释上是一致的和语境依赖的，被相对低的能级上的实验探测所确证。当实验可达到的能量变得更高，粒子的某些内部结构揭露出来，这时，绝对不可视性的概念变得成为一个幻觉。因此"结构化的客体被看似无结构的客体"刻画的模式依旧被保持下来，并且将一直保持。这样的联系被假设是存在的，并且被重正化群方程所描述：因此它们构成公理的概念基础。质量度规联系的自发对称破缺链取消了层级性，并且被退耦公理所确证。退耦公理和有效场论需要的是经验输入到理论的本体，形成了关于物理世界的特殊的表征。另外，对经验输入的强调历史地一致，QFT 理论家们追求的原子主义的层级多元主义与新柏拉图数学原子主义传统相对立。后者采用的是一个历史的数学实体作为其本体基础，并且假设了所有的经验现象可以从它演绎出来。两种对立是描述的和规范的、历史合理性的和逻辑理性的之间的对立。

总之，重正化方案的多元本体论和公理化方案的一元本体论，分别代表的是传统实体实在论和逻辑原子主义的冲突和对立。

2.语义学上的非充分决定性

语义学上的非充分决定性表现在，数学结构的变革对应的概念系统的变革，表现出概念的前后语义的稳定性和变化性与数学结构变革之间的逻辑统一性问题。[①]

首先，坚持公理化方案的理论家们质疑重正化方案造成的理论上的稳定性，表现在：

① 数学上，狄拉克批判了重正化忽略了无限大而代替以无限小，这个程序与通常的数学习惯相悖。

② 物理上，Heiter（1961）等人指出，不同质量的粒子除了电荷之外是相同的，是不能用重正化理论计算的。不难去建立电磁起源相同而质量不同的理论，那么电磁自能发散会导致质量差异无限大。这暗示了重正化理论不能满足泡利所期望的给粒子的质量比一个一般性的解释。另外，重正化理论被批判为太狭隘以至于不能容纳 CP 破坏弱作用和引力作用现象。

③ 概念上，重正化理论的稳定性被很多人挑战。微扰论的保留不可避免地出现"鬼态"。如何澄清不同度规上采取不同形式带来的概念上的统一？这样的概念在渐近安全的意义上才有效，如何解释概念的渐近安全？

另一方面，公理化方案造成的数学在物理学理论构造中的极端理想化，成为重正化方案的明显优势所在。重正化方案认为公理化的"基本"粒子结构表达造成了概念上的困难。在希尔伯特精神传统中，他们试图借助公理化解决 QFT 的稳定性问题，并且采用这个作为唯一清晰给出解决概念问题的方式。这种方法是对精确的点模型的修正的物理思想的数学表述。因此，这样看来，公理化方案始终坚持可重正的依旧是不稳定的，尽管不存

---

① 郭贵春，程瑞.时空实在论与非充分决定性论题［J］.哲学研究，2010（1）：99–107.

在不一致性问题。为了保证理论内部的一致性，公理化理论家甚至一直不能建立起四维的场理论，这不能不说是一个数学的一元实体实在语境下的演绎方法极端理想化导致的失败。

可见，在重正化方案和公理化方案两者的优劣上，都不能简单地归结为理论内部的一致性和逻辑性标准来保证，事实上，一致性和逻辑性需要重新审视物理学理论构造的方法论本质。

3. 方法论上的非充分决定性

首先，重正化方案的自然主义的经验性和定域性是其方法论上的根本特征。施温格希望运用定域场算子代替它的方法一再受挫，使得它在物理学变化的语境中得到新的哲学洞察。

重正化的根本性和不可避免性，是自然的描述的必须。重正化群是一个被测物理现象中随着度规改变的物理相互作用结构的变化的表达。克莱莫斯认为 QFT 应该有一个"结构自主"假设作为引导原理，重正化程序精确地取消了对高能物理的过程参考。他将焦点从定域激发和相互作用的世界的假设转移至物理粒子的可观察世界。但是施温格不能接受这个额外的结构假设，最后取消它们，获得物理结果的有意义性。但是如果仅仅是为了有意义而取消它，将其作为权宜之计是不够的。

威尔森指出，来自统计物理学的重正化方法的运用，对重正化方法的概念给出进一步的新的认识。QFT 各种度规下的重正化和统计物理学的描述体系体现的各种度规上的统计连续统极限对度规的严重依赖，以及在维度变换下的耦合常数的变化导致了反常对称破缺的概念，解释了不同度规下的物理学之间的关系。

其次，公理化方案的似是而非的一般的逻辑性的和全域化的追求是其方法论的根本特征。施温格作为重正化理论的创始人之一，给出最为尖锐的哲学批判，认为采取定域场算子作为概念基础更合适。理论的稳定性使得在现象学的意义上，例如引力理论的更大的预言力，比重正化理论更为简单有力。

总之，温伯格和施温格集中代表了方法论上的非充分决定性的两大哲学阵营的典型观点。尽管他们共同作为重正化方案的创立人，但在公理化方案的探索和验证上做了不同的深入的思考和哲学的反思。

4. 量子场论的非充分决定性症结

量子场论的非充分决定性问题实际上是形而上学一直以来必须面对的三个症结，表现在：在本体论方面，实体论的多元主义的原子主义和关系论的柏拉图的数学原子主义的冲突，即经验有限性和数学的无限性如何在物理学理论中得到统一[①]；在语义学上，理论前后概念上的连续性和稳定性是如何保持的，即概念的跳跃性是如何从旧有概念的理解上实现并得到一致性的解释；在方法论上，经验建构和数学模型化谁具有第一优先性。这是非充分决定性问题被引出的根本深层原因所在。结合近几年流行的结构实在论的理论研究成果，给出回应。

2.3.3 结构实在论对非充分决定性论题的回应

对于以上难题，流行的结构实在论者通过对物理学史的经验研究提出的结构实在是实在论者们的最典型代表观点。结构实在论对非充分决定性难题的回应有着很好的启发意义。

1. 本体论上的回应

多元主义的原子主义和柏拉图的数学原子主义在结构实在的本体论上得到统一。理论本体论的层级多元主义不意味着对不同层次上的本体之间的因果关系的抛弃。所以，重正化方案依旧是原子主义的，但是又区别于经典物理学的天然的原子主义，这里加入了构造主义的构造性成分，强调经验输入的历史的一致性。正如弗雷兹（French）和雷迪曼（Ladyman）认为的如何解决物理的结构，如何被数学的结构解释这个问题的答案是，数

[①] CAO T Y, SCHWEBER S S. The philosophy of renormalization of quantum field thoery［J］. Synthese，1993，97：33–108.

学的结构负载着物理结构的权重，数学的结构没有物理的解释是没有意义的，这时的数学结构是附带着质的结构，物理的结构是开放的无穷的，其内容是本体论的、先在的①。数学结构在没有物理意义的赋予下，不能给出物理预言，不能解释物理现象。

重正化理论表现出的物理学理论的渐近自主分层领域的突显，表现出无限的数学系统在经验中运用的极限性，同时展示了物理实在的边界性、层次性、结构性和复杂性。需要指出的是，结构实在论并不承诺本体上哪些结构或者某种普遍的结构或者抽象的形而上的结构，而是以关系的意义存在的结构性信息，这个结构性信息是语境实在的，并随着科学新事实的出现会丰富变化发展的。量子场论理论成功的历史表明，重正化地位的不可撼动性是因为科学经验在科学理论构成中保有根本地位，这是物理理性区别于数学理性的根本点，是历史的、生成的、演化着的语境实在的。重正化方案的成功显示出，数学的结构来自语境的定域现象，而非实体的本体论承诺。从本体论承诺上撤退下来，专注于认识论的实在性，专注于经验的历史深入性和数学理性的构造的动态语境性，强调人类的实践理性、数学理性和理论理性的变动的统一性和开放性。因此，实在论的论证策略始终将理性的合理性定位在特定语境下的最大合理性的选择上，而非武断地追求普遍性的理想上。

2. 语义学上的回应

经验和数学相互融合渗透的动力学结构的语义观。从一个现象获得的物理洞见如何被运用于不同的领域？凝聚态晶格物理的临界现象的理论如何可以被用于 QFT？统计物理学涉及的任意复杂性不同于有限的相互作用的重正化场理论形式。不同物理学理论之间的相互作用可以被解释，或者物理现象在本体层次上的超验的统一，或者在认识层次上普遍的真的物理解释，使得新柏拉图主义者认为物理洞见是解释学的，所有的理论行为可

---

① CAO T Y. The Conceptual foundations of quantum field theory [M]. Cambridge: Cambridge University Press, 1999.

以被简化到数学的推理中，对于类似数学群结构这样的要素成为解释一致的宇宙复杂性的代数类型。

但是数学结构的统一性使得数学基础主义的盛行，被重正化这样的经验指出的是，不同研究领域的理论本体的经验输入被强调现象学方法的重要性。现象学方法支持定域主义的观点，这些观点将物理理论特征化为历史情境的和语境依赖的理论，被用于解释现象并给予它们以意义的基础定律上。定域主义将人类可感经验作为人类知识的经验。这是一种自然主义的知识经验主义的立场，知识是构造的，不是给予的，通过复杂的反馈得到的感觉输入和理论模型是模拟的和包容的，以一个自我修正、习得、假设、演绎、预测、测试和修正全部时空来约束的过程序列。

3. 方法论上的回应

结构实在论的根本是如何处理概念上的不可见实体如何通过结构的知识来获取。① 在对非充分决定性问题的解答上，科学实在论的结构实在论采用的策略是定域的历史的整体主义的。它具备语境实在论的论证特征：把论证的视域聚焦到科学家的实验操作和对实验现象的理解过程中，把对科学的实在论解释，限制为只是对理论实体实在性做出恰当说明，而不承诺提出这些实体的理论的真理性。然而，数学稳定性的备选态度严肃地使用了数学经验并且承认在那个形式系统中存在数学实践的部分，系统中的有限主义的方法表明，它的真值通过语义学的分析，或者通过其他外在的、非正式的和经验的考虑。这里就运用了隐喻的方法。

隐喻方法认为，所有的理论概念都是动力学的，在隐喻推广和转变的意义上，学习过程的反馈本性，表现在意义不能由任意原子事实所构成，正如胡塞尔（Edmund Gustav Albrecht Husserl，1914）和早期维特根斯坦（Ludwig Wittgenstein，1922）指出的，意义被整体主义网络所相关，它们的安排和转变因为明显的隐喻语境确定了不同部分之间的交互作用的不

---

① CAO T Y. Structral realism and the interpretation of quntum field theory [M]. Synthese, 2003, 136: 3-24.

同，没有现象可以在不同隐喻语境下确定意义。在不同隐喻语境中，没有哪个现象拥有固定的意义。这意味着所有关于现象的理解都需要意义动力网的同化，被隐喻相关和隐喻转换控制和操作。费曼曾经提到这个现象并强调不同理论的不同的心理含义。诸如"夸克"（或者20世纪30年代的中性子），可以被转换为一个真实的实体，夸克作为现在所相信的这个转换的获得，通过理论术语的字面的隐喻转换反过来来自事实上的一系列的已经被发现的稳定的关系。意义和科学解释的隐喻本质需要概念体系本质上是动力学的，服从隐喻转变、隐喻相关和隐喻变换的，并且遵守不同于形式逻辑的规则。

小结：量子场论非充分决定性论题反思呈现的物理学的新景观

结构实在论提出通过结构上的相似性对抽象概念赋予意义，给出理论意义的连续性和变化性之间的逻辑关系。甚至，解释会联系到"等价"理论的不同的附加结构关系：不同的等价的理论通常拥有数字关系的变化，而非被用于解释可得的数据的需要。这些被不同的不可观察实体携带，所以表现为概念一致性的重要性后退。

可见，通过思考过程的符号推理，不是去形成理论中的和世界中的可观察和不可观察实体之间的一一对应同形，而是去建立一个物理的类比，通过在符号系统中获得的世界的结构关系，这个符号系统主要包含了数学形式。经验的有限的本质在产生关于世界的知识中，破坏了物理定律的普遍性：它仅仅允许在定域时空中确定家族相似性（规范性）。从定域规范不能构造独一无二的和必需的物理理论。相反，所有的理论都是语境依赖的，文化相关的，历史可变的。进一步，基础定律对概念解释了现象并且给予它们以意义。

因此，基于经验的数学物理学中的假设不是自主的，而是被外在世界所约束，必须经受外在的检验建立它们的有效性。物理理论的网络本质使得某些假设演绎方法的再修正是需要的：这样的经验构造的理论可以被判断是可控接受的或者不可接受的，存在几个可接受的理论，一个理性的选择可以被做出。数学的稳定性和概念的稳定性之间的关系是，概念的意义是语境依赖的、定域的和根据语境的变化而需要修正的。因此，数学的和概念的稳定性也只能是定域的特征。理论化过程中定域稳定性首先是出于经验充分性，通常是定域的。定域充分性优于理论的全域稳定性。因此，现象学的、归纳的方法到理论原理的历史过程变现为，从观察和实验得来的经验输入，从一个定域领域到一个更大的定域领域中推出理论，并且确证每一步的推导都是可确证的。经验充分性不等于稳定性。这样表现为数学结构给出的本体论承诺的历史情境的和语境依赖的变动性和关联性。

3 可能世界、模态及代数量子场论

3.1 量子场论的模态解释

本书比较了两种量子场论模态解释；分析了量子场论的模态解释成功必须具备的充分条件；给出了量子粒子的模态解释语境的结构；进而，总结了量子场论语境下的模态解释的特征和内涵。

1972 年，范弗拉森（van Fraassen）开创性地将模态逻辑的"可能世界"语义理论移植到量子力学，开拓了量子力学解释的新视角——量子力学的模态解释。之后，科学哲学家 Vermaas、Dieks、Kochen、Clifton 等发表相关文章，将量子力学的模态解释誉为"真正哲学家对量子力学的理解"。近来，Dieks、Clifton 将模态解释的成功经验移植到量子理论的后续理论——量子场论中，为量子论的模态解释开辟新的疆域进行了积极、有效的尝试，并取得实质性的进展。

因此，结合 Dieks 和 Clifton 的代数量子场论的模态解释的两种模态逻辑建构进路，分析量子场论模态解释的方法论的一般特征和内涵是本书的目的。Dieks 和 Clifton 分析了代数量子场论模态解释的结构以及一般特征，给出代数量子场论的模态实在论内涵。在实在论的辩护上，模态解释的方法论优势是整体论的、语义学的，将语义的成功内化成理论形式的生成逻辑过程。对于实在论的理论进步具有深远的启发意义。

3.1.1 Dieks 的代数量子场论的模态解释

通过对定域概念和算符表征，实现粒子表象的代数表达，Dieks 首次进行了量子场论的模态逻辑分析。他将量子力学的模态解释成功移植到量子场论中，开辟了量子场论实在论解释的新疆域，继承了量子力学模态解释的方法论精神内核。但是，不同于量子力学，量子场论的复杂性在于算符不仅仅是观察量的代数，还是粒子产生、湮灭的动力学变量。数学构造的技术性如何给出实在性的解释，成为难题。从而，Dieks 的模态解释给之后 Clifton 这样的学者留下进一步完善的空间。

1. 定域概念与观察量

在相对论量子场论中定域算符的概念是基本的：每个开的时空域联系着一个观察量代数，表征在这个域中可能发生的测量。更为困难的是将发生在此之内的事件的概念或者定域对象的概念包容进来。但是如果相同的理论不能被定域测量设备或者定域化事件所表现，如何将定域算符概念作为理论的基础？ Dieks 简单地回顾这些困难后引出一个策略，即以实在论的方式解释量子理论。

Dieks 认为，在代数量子场论中，粒子概念不再被定域观察量代数所取代。事件或者对象定域化成为令人困扰的概念。因此，他认为，相对论 QFT 中的定域系统是一个充满问题的概念，粒子概念代之以量子场的概念，测量和操作不再为理论的基础概念。经典的场是关于时空点的函数，而"量子场"是关于算符的场，算符是关于测量结果（观察值）的函数，算符取代了经典时空点的位置。由于真空非定域性破坏了贝尔不等式的长程关联，因此讨论非定域关联才有意义。那么是否理论中含有小的时空域中定域事件概念，可以用于去解释代数 QFT，是否可以在定域物理系统中生效呢？

在代数 QFT 中，对定域系统的处理问题涉及代数 QFT 的完备性和一致性。定域操作在此理论中存在，是否理论本身并不允许定域的设计？ 如果这个设计超出理论，则对物理实在的描述是不完备的。更难的是理论完备和不能处理定域系统只能二选一，表明理论自身不一致，如果理论中定域操作处于基础地位，与之相关的是四维时空流闵氏空间中物理过程的发生。如果不存在近似的定域物体或者事件，通常的操作意义和时空区域的物质化实现不再勉强获得。因果关系、四维丛等在此理论中的有效性也发生冲突，这些公理全部变得不确定。

模态解释对于以上难题给出解释。以冯·诺依曼代数的模态解释为例。方程中 M_S 代数存在两个突出特征：第一，M_S 与观察量代数结构一起定域地被系统 S 的量子态 D_S 确定，在标准量子理论形式上不需要增加任何附加结构去挑出亚代数 S 的属性；第二，局限于亚代数 M_S 的态 D_S 是自由态分布的混合（假定通过密度算子获得重正化）（非空）处理后的 D_S 投影。第二个特征使得根据标准玻恩规则统计学拥有 M_S 中观察量确定值的分布。采取开放的时空区域确定观察量值。接下来的事情就是看能不能具体构造这样的形式结构去实现这些思想。事实上可以构造出来不依赖于原子菱形结构的，采取开的时空域作为基础用于确定确定值观察量。因而，这样的设计是有效的并且不依赖于 r 的大小的选取，是非原子解释所推崇的，不需要将其看作将场作特殊分割的子系统（或者从外在的角度看，称为近似的点定域场观察量）。这样，量子场论的系统分割是可能的，并且为量子力学的模态解释移植提供了数学的、物理的和逻辑的语境。

2. 移植量子力学的模态解释内容

通过将量子力学模态解释的语义移植实现量子场论的模态解释的模态逻辑的方法论范式。[①]

（1）将"测量设计"在语义上等价于"使可能"

预设代数相对论量子场论（ARQFT）形式在测量中可以成功解释。QFT 中的场和物理时空点值的大小无关，而是和算符场有关，客观测量结果的标准解释给观察量以确定的值。因而，可以说关于对空区域属性、算

---

① 贺天平，郭贵春. 量子力学的模态解释及其方法论［M］. 北京：科学出版社，2008：2.

符的客观事件处理的结果是，给不同时空域分配概率，给不同时空域分配属性，就实现了近似经典定域系统。这是理论做出的形式上的建构模型。

此模型实现了模态解释的实在论基础，表现为，模态解释给出数学形式对应的物理系统具有的特点：给出观察量的确定值。Kohen Specker no-go 理论指出，在某个时刻不能对所有系统的观察量赋予确定值。模态解释对所有观察量给出亚集合，观察量仅仅在亚集合中是确定地赋值的。模态给出系统态所需要的包含所有信息去确定观察量的确定值的集合。

进一步通过符号的分析可以看到，在方法论上，这种解释是具有整体主义的特征的。例如，对系统密度算子的光学解析。将 α 代表系统，β 代表环境，两者正交，$|\varphi^{\alpha\beta}\rangle \in H^{\alpha} \otimes H^{\beta}$，通过多维投影，得到对光谱解析的唯一确定。按照投影给出所有物理量的亚集合的确定值，包括连续函数、线性和对称、反对称结果、集合闭合确定量的可能值的确定不依赖于解释，对于每个概率的可能值的确定，都有概率为 1 的可能性。以上也适用于密度分布无交叠的系统集合。

（2）模态解释的期望值范式

通常模态解释将一个系统的问题在 QM 中变成处理两个系统：物理系统 S，参照系统 R，S 是 R 的一部分，即 $R \gg S$。假设一个时刻不同参照系统具有不同态，对于任何假定态有唯一态，关于 R 的 S 态用密度矩阵 ρ_R^S 表示。R 包含 S 的特殊情形，拥有自身的 S 态。可见，在模态解释中不存在波包塌缩。[①]

这样，可以看到，一般的模态解释的思想是，理论具体化各种可能性的概率大小。关联态在模态解释中不能出现，因为不同量子所指的系统中态的定义不能同时是可测量的。因此赋予它们期望值需要满足的条件是：如果 A 自身是宇宙，那么外部期望值不适用。另外，系统的态自身不含有充分信息去确定系统的态，则需要提供附加的信息或者区分系统 S 与期望值的所指系统。因为物理世界是关联着的，所以模态解释虽然不能解释关

---

① DIEKS D .Events and Covariance in the Interpretation of Quantum Field Theory.

联态，但可以解释这些关联态如何与实际经验关联，以及理论给出观察者观察了什么的说明。通过对观察者、测量仪器和其他系统的态的关系，许多其他态的经验意义获得理解和解释。模态解释成功地将没有物理对应的数学形式的实在内容通过语境中以关系的隐性实在性揭示出来。

3. 分离性和退相干的模态解释

和量子力学的实在论解释一样，数学的分离性和退相干也是必须重新给出解释的环节。在代数量子场论中，通过代数的不同类型的构造实现了分离性和退相干的成功的实在性表达。可以看到数学实体在物理理论的构造中成功与物理实在关联起来，不能简单类比 QM。

ARQFT 的代数是开的时空域（定域代数子）。如果开时空域可以对应于整个希尔伯特空间的亚空间，则模态范式可以适用，并能从定域代数子中选出确定值的观察量。ARQFT 代数不是希尔伯特空间有界观察量的代数，定域代数不能被理解为用自身希尔伯特空间所描画的物理系统的观察量代数术语，整个希尔伯特空间不是定域亚系统的希尔伯特空间张量积，ARQFT 中代数是无限维投影，定域代数是类型Ⅲ，没有平凡投影算子。

另外一种引入定域亚系统的概念方法用Ⅰ型代数，两个定域代数间的李代数，Ⅰ型代数的存在在于预设"分离性"。如果承认这个预设，则Ⅰ型代数分别存在于菱形区域的 C* 代数半径 r 与 $r+\varepsilon$ 之间，这样考虑系统的时空点，用整个希尔伯特空间的亚空间表征，则每个系统都拥有了自己的希尔伯特空间。

QM 坚持环境退相干分离出所有系统要素。[①] 场理论中，退相干也遮蔽了量子效应。在场理论语境中有两种可能的互补的模态思想。如果分离性被使用，在足够远距离分离态，则系统保留了所有记忆，所有观察量 B 相关区域 O' 包含了 0（不太大），则冯·诺依曼代数 0 的中心子在 O' 的亚代数中心子中被包含，0 与 O' 是相融洽的。

---

① BACCIAGALUPPI G，HEMMO M. Modal Interpretations，Decoherence and Measurements［J］. Sutd. Hist. Phil. Mod. Phys.，1996，27（3）：239–277.

缺点是，人为的数学分割的菱形间隔尺度具有任意性，虽然值不大于 r、ε，在选择两个菱形域的 Ⅲ 型代数之间的 Ⅰ 型代数系统属性不等于要素属性。

（1）模态属性的历史

退相干概念的模态解释的一般特征是，如果一个系统需要某个属性，正好处于与环境的相互作用，在互作用中，系统属性变成与环境属性相关。退相干的定义变成关联形式过程的不可逆，后来，系统自身的属性可能已发生了变化。① 换句话说，宇宙的其余部分的行为如同系统已经拥有了属性的记忆。退相干保证这个记忆保存完整。对于态 $|\Phi\rangle$，意味着在薛定谔图像中，物理图像形成的形式是终态来自一系列连续的类测量的互作用，每个都导致了新的属性。假设与环境的第一个相互作用产生的属性是确定的，态的形式变成与环境的态正交的态。在接下来的相互作用中，属性 $|\beta_j\rangle\langle\beta_j|$ 确定，则环境记忆带着 $|\alpha_i\rangle$，态变为 $\sum_i c_i|\langle\beta_j|\alpha_i\rangle\beta_j\rangle|\beta_j\rangle|E_{ij}\rangle$，与环境态 $|E_{ij}\rangle$ 正交。这样的连续的相互作用导向以上方程，在 $|\Psi_{i,j\cdots,1}=|\Psi_1\rangle$ 下。

如果运用连续的类相互作用，则与态 $\Phi_{i,j\cdots,1}$ 正交，在海森堡图像中有 $P_1(t_n)P_i(t_2)P_i(t_1)|\Psi\rangle C_{i,j\cdots,1}|\Psi_{i,j\cdots,1}\rangle$。通过等式替换发现满足了连续历史退相干条件，获得模态属性的 Kolmogorov 概率分布。

为了完成之前讨论的时空图像，应具体化不同时空区域中所发生的事件之间的联合概率。首先遇到的问题是在相对论语境中推广，在闵可夫斯基空间将有序数序 $y<x$（y 在 x 的起因中）作为客观时空点间关系，不再有绝对时间去序化 $P_1(t_n)P_i(t_2)\cdots P_i(t_1)$。然而在时空任意区域中仍赋予线性序。考虑等价类型的点，互相拥有类空分隔。

（2）局限性

Clifton 认为 Dieks 仅仅假设了退相干情形被满足，才能获得事件的联合概率和洛伦兹不变性。不能令人满意的是联合概率分布和洛伦兹不变性

---

① BACCIAGALUPPI G, HEMMO M. Modal Interpretations, Decoherence and Measurements [J]. Sutd. Hist. Phil. Mod. Phys., 1996, 27（3）: 239–277.

的存在的基本特征依赖于一致性、类事实的条件的满足。导致退相干的相互作用可以被看作因为环境所导致的测量，联合概率和基本的洛伦兹不变性不能在测量结果中表现出来。相比较而言，在没有做出外部测量的系统情形下，这些主题导致相当的困难——Dickson 和 Clifton 于 1998 年给出了模态解释语境中的问题。他们指出问题的核心是不同洛伦兹观察者不能——基于不连续性的难题——在 EPR 情形中运用概率表达两个系统的同时性的属性。通过揭示在系统 1 上发生的洛伦兹框架中的测量，发生在系统 2 被测量之前，然而这个顺序在别的框架中反转，本质上表现了两个系统在测量期间发生的过渡必须是定域地决定的。在测量不是同时进行的情况下不用考虑其他的测量。但这个结果与同时发生两个测量的洛伦兹框架相冲突，其中定域性说明是不可能的。

因此，Clifton 尝试一个可能的解决方式是将赋予系统的属性不看作单个期望值而是关系值。[①] 如果属性是关系的，不存在逻辑的困难去假定相同的系统在某个演化阶段，在不同参考系统之间的关系中拥有不同的关系属性。如果对象体系和参考系统有确定的闵可夫斯基时空位置，正如在以上例子中对象－期望值关系与时空关系相关，在不同的两个或者更多的区域中，其中它自身是洛伦兹不变的。如果更进一步，所有概率的考虑是关于期望值的，和洛伦兹不变性的相关问题不会发生。

模态思想与退相干条件，保证了洛伦兹不变的联合概率表述在几个时空区域中确定观察量值的值。因为 QF 中自由度是无限的，退相干的发生是不可逆的，对于 QFT 语境是非常自然便可以预设的。它还满足一致的联合概率分布的存在及洛伦兹不变性应依赖于类事实和相关环境。因此尝试一种新的模态解释——提供不存在退相干情形下的洛伦兹不变性图像的期望景象是可能的。Dieks 的目标是在量子场论语境中模态解释是否可以获得合理的结论。

3.1.2　Rob Clifton 的代数量子场论的模态解释

Rob Clifton 首先回顾了非相对论量子力学的模态解释的本质。他指出，非相对论量子力学的模态解释本质上是对系统密度算子包含了对其观察量赋值的可能性的一簇解释。其次，他创新性地提出事件的联合概率密度，对代数量子场论给出事件或者对象定域化解释。

1. 量子力学模态解释的代数基础

以代数的方式简单勾勒了量子力学的模态解释。以有限维度的系统 U 为例，由希尔伯特空间 $H_U = N_i H_i$ 表示。U 占用纯矢量态 $e^x \in H_U$，决定了简并密度算子 D_s 在希尔伯特空间上 $H_S = N_i \in SH_i$ 的任何子系统 $S \subseteq U$。令 $B(H_S)$ 指 H_S 上的有界算子，对单个算子或算子族 $T \subseteq B(H_S)$，令 T 为其对易算子，P_s 指 D_s 上的投影，$B(H_S)$ 的亚代数由直积给出：

$$M_S \equiv P \perp SB(H_S) P \perp S + \ddot{D}_S P_S 。 \tag{3.1}$$

当 S 不与环境 S 纠缠，$\ddot{D}_s$ 包含单元矢量 $y \in H_s$，是纯态。M_s 包含所有 y 为本征矢量的算子——作为自邻成员，正统量子论中 S 的观察量有确定的值。表达与环境的纠缠 $\ddot{D}_s$ 是混合的——在极限情形 $P_s = I$ 下，$M_s = \ddot{D}_s$，M_s 包含所有 $\ddot{D}_s$ 的函数，这样正统量子理论对 S 的属性做出说明。S 是薛定谔猫与潜在的能杀死猫的装置的态纠缠，就是测量难题。[①]

2. 模态解释的非原子版本和原子版本分类

在分割思维和非分割思维两种思维方式之下出现两种版本的对于模态解释的研究进路。

①非原子版本。不研究宇宙亚系统分割，因为不存在太好的分割方式。所有自邻算子的亚系统确定赋值，依赖于 M_s，用于 $\ddot{D}_s$ 是否是纯的。观察量值根据玻恩规则分布。观察量 $A \in M_s$ 的期望值是 $Tr(DsA)$，A 具有

① VERMAAS P E. A Philosophy's Understanding of Quantum Mechanics: Possibilities and Impossibilities of Modal Interpretations of Quantum Mechanics [M]. Cambridge: Cambridge University Press, 1999.

特定值 a_j 的概率是 $Tr(D_S P^j)$，$P^j \in M_S$ 是 A 对应的本征投影值。正统量子论给定情形下 A 的精确值不需要通过"测量"解释，不存在塌缩解决测量难题。另外，宇宙两部分间发生相互作用的测量：O 是"被测"系统，A 是仪器，A 与环境耦合引发退相干使得仪器的密度算子 D_A 在基空间中对角化，而基与指针观察量 A 的对角化极度密切。测量之后，在 M_A 中的确定的观察量值将是指针点。

② 原子版本。不说明确定观察量在每个子系统 $S \subseteq U$ 的分离，S 作为原子内在属性区别于原子的构成，由 $N_i \in S H_i$ 的个别希尔伯特空间表征。每个原子系统 i 在 M_i 中观察量值确定，被对应的原子密度算子 D_i 确定。因此，S 的观察量的确定在于 M_i 每个嵌入 $B(H_S)$ 中产生冯·诺依曼 $B(H_S)$ 亚代数而决定的属性。因此，S 包含了所有的投影 $N_i \in S P_j(i)$，是原子密度算子光谱投影的张量积，联合概率被玻恩规则 $Tr[Ds(N_i \in S P_j(i))]$ 给出。在退相干中，原子模态解释的期望值能获得如同非原子的模态解释关于测量难题同样的结论。

两种模态解释的版本，对于作为简并系统密度算子的演化函数，有确定值的观察量随时间变化而改变。从薛定谔演化得到宇宙态矢量。观察量自身值的演化不能被薛定谔确定。值的各种动力学被提出，作为模态解释的"竞争"方案。大部分都属于原子模态解释，并且都会破坏洛伦兹不变性。Dieks 后来的论文很多关注于利用退相干来化解这个难题。然而，Clifton 聚焦于他的新的方法的可行性，关于找出相对论量子场论的观察量的一个确定值，联系于类点的闵可夫斯基时空。

3. 联合概率解释

模态解释将互作用在概率中的特征突出出来。这个思想特征的直接的形式化便是 Clifton 在 1998 年提出基于模态思想的事件的联合概率解释。具体化不同时空区域中发生的事件之间的联合概率。这是表达的一般化。在相对论语境中推广，在闵可夫斯基空间将有序数序 $y<x$（y 在 x 的起因中）作为客观时空点间关系。等价类型的点，互相拥有类空分隔。满足退相干

机制表征，获得事件的联合概率和洛伦兹不变性。因此实在论的量子场论解释，从起初就是洛伦兹不变的。联合概率和洛伦兹不变问题在退相干机制阶段消失是不足为奇的。洛伦兹框架中的测量表现了两个系统在测量期间发生的过渡必须是定域决定的。①

量子态是关于全同粒子的统计概率，在代数量子场论中，粒子概念或者定域概念退居次要地位，事件或者对象定域化成为焦点概念。量子态表现的不是量子粒子的个体性，而是集体统计性特征的数学形式化。态固有的量子粒子的统计性，关联于粒子的真空激发，或者真空作为基底，或者作为背景，已经隐藏在方程的所有结构中，甚至于真空态被物理学家称为"世界态"。因此，量子论的隐变量在此得到发展。但是无论如何，模态逻辑的可能实在向实然实在的语境转化，始终是被肯定的。

3.1.3　量子场论的模态解释的方法论特征

1. 代数量子场论的模态解释是对量子力学的模态解释的继承和发展

沿袭了量子论模态解释的内核。表现为三点：第一，量子现象的数学形式系统中的密度算符约束了可能的对观察量值的确定，全部观察值都是可能实现的，这是模态实在的形式化表述；第二，环境与量子系统相互作用下的观察量值的确定，即环境与量子系统的相互作用下的量子综系中某个态对应的本征值被挑选出来，表现为物理客体行为的定域性的形式化表征，这是模态实在从"潜在"的"可能"转化为"显在"的"现实"的实在性隐性机制的合逻辑性；第三，模态的可能语义学，客体的语境性识别和追踪所保证的客体的数学形式与对应的物理客体之间的稳定关系（因果解释）。

模态解释可以从量子力学拓展到量子场论中的前提条件是具备的。主要有：

---

① VERMAAS P E. A Philosophy's Understanding of Quantum Mechanics: Possibilities and Impossibilities of Modal Interpretations of Quantum Mechanics [M]. Cambridge: Cambridge University Press, 1999.

第一，量子场的"定域性"是量子场论的一个基本原则。"定域性"是量子论的语境化特征的表现，也是测量获得的观察量的实在性所指。因此，量子场论的理论实体具备语境化特征。

第二，模态解释和语境具备统一性。算子表征的动力学演化理论的量子混态本质上是环境和量子系统相互作用的态，其数学形式系统成为模态解释在量子场论拓展的形式基础。[①]

第三，测量和数学之间逻辑的、经验的统一。随着本体论的转变，量子场论的定域性的实现，所带来的对态函数（波函数、态矢量）的理解，转变为混态可以理解为纯态之间的相互作用，测量即态之间的混合，数学形式和物理测量实现了统一，也即态之间的相互作用就是完成了的测量。经验建构和理论构造得到了统一的实在性解释。

所以，量子场论的模态解释的模态逻辑模型的构造，虽然沿袭了量子力学的模态逻辑模型构造的一般性特征和思维进路，但是在具体构造模态解释的数学基础上，两位哲学家各自使用了不同的数学和逻辑技巧。

2. 两种定域方法的局限性

Dieks 和 Clifton 建立的代数量子场论的模态解释运用了不同的代数方法。两者都试图用不同的方式实现定域性的构造。虽然如此，语境的要求使得定域化概念变得突出出来，而定域的实现，两位哲学家分别使用的是物理的和数学的手段，各有利弊。

Dieks 指出，模态解释的困难在于当 0 有非空的类空补集 0'，$R(0)$ 是非零投影的典型 Ⅲ 型因子。因此，$R(0)$ 不包含紧致算子，像密度算子，所有光谱投影维数是确定的。如果在 $B(H)$ 中运用标准模态描述，与密度算子 ρ_0 一致，不能保证观察量集合的结果在 $R(0)$ 中会挑出子代数，在 0 中对确定值的观察量没有给出任何说明。因此从以上给出悲观的推论是"不能将开的时空域和它们的代数作为基础性的，如果希望获得定域系

---

① Thomas Müller. Things in Possible Experiments: Case-Intensional Logic as a Framework for Tracing Things from Case to Case [M] // New Directions in the Philosophy of Science. 2014.

统的解释，对其可以识别一个事件"。

在公理化代数量子场论的大部分模型中，Dieks 处理问题的策略是揭示事实，定域代数与菱形时空区域相联系（给出的区域被内在的两个时空点的因果性的未来和过去的内部交叉），具有分离性质。两个菱形区域 $\blacklozenge r$，$\blacklozenge r+\varrho \subseteq M$ 的属性而言，半径 r 和 $r+\varepsilon$，类型 I "插入"因子 $N r+\varepsilon$，$R(\blacklozenge r) \subset N r+\varepsilon \subset R(\blacklozenge r+\varrho)$。$N r+\varrho \approx B(H)$，对于希尔伯特空间 H，唯一的密度算子 $D r+\varepsilon \in B(H)$ 与 $N r+\varrho$ 上的 ρ 一致，对 ρ $\blacklozenge r$ 也是一致的。r 和 ε 取固定小数，运用密度算子 $D r+\varrho$，获得 $M r+\varrho \in N r+\varrho$ 确定亚代数值。根据 Dieks，这样可以给观察量确定值的近似说明，在两个菱形源的经典极限，经典场和粒子的概念近似可用。因此，Dieks 对场提出建构原子的模态解释。①

Dieks 认识到 M 大小的分隔存在武断性，不能被极限 r，$\varrho \to 0$ 消除，在代数中插入的菱形集合是小代数 CI。破坏了在此语境中试图形式化原子模态解释的努力，M 中"原子菱形"分割对于 Dieks 来讲，在相对论量子场论的经典极限下，看似不再重要。其中，应该可以恢复经典图像，场值依赖于时空点。但是，经典极限下的充分解释似乎是不够的。并且，这仅仅表现出非相对论极限——伽利略量子场论。但是，空间上抹掉每个点"算子－赋值"场，获得观察量代数在空间区域好的定义，再次对原子的空间区域或者代数没有自然的选择。

另外存在的一个任意性在于，每个源点类型 I 解释因子 $N r+\varrho$ 的插入。对于固定部分和固定的 r，$\varepsilon > 0$，进一步细分区间 $(r, r+\varepsilon)$，分离性表明插入 I 型因子对满足

$$R(\blacklozenge r) \subset N r+\varepsilon/2 \subset R(\blacklozenge r+\varepsilon/2) \subset N r+\varepsilon \subset R(\blacklozenge r+\varepsilon)。 \quad (3.2)$$

Dieks 定义存在去除任意小的可能性。不依赖离散性的特殊假设，在 $R(\blacklozenge r)$ 中寻找其他内在方式选出确定的观察量值。

---

①　HUYNH V N, NAKAMORI Y, HO T B, et al. A context model for fuzzy concept analysis based upon modal logic [J]. Information Sciences, 2004, 160: 111–129.

3. 模态解释的实在论特征

语义分析的一致性原则。在语义的转换生成过程中，语义分析是连续的，这种连续性依托于数学形式结构变化的连续性。在 Dieks 的模态解释中，这种语义的一致性是依赖于联合概率赋予不同时空区域的一致性。

语境分析的建构性原则。实在是建构的，但是语境地建构的，脱离语境的实在是没有意义的，不可言说的。从方程可看到与环境相互作用的态函数具有与环境属性相关的属性。退相干定义为关联过程的不可逆，系统的属性已发生变化，宇宙和物质都是不断运动变化着的，其形式的变换性决定了，只能通过运动去把握运动，而运动的语境依赖性决定了，数学的形式体系是对运动的不同形式的数学表征。不同的粒子代表不同形式的场运动。模态逻辑说明的是人的认识系统对不同模态实在的把握，是数学形式具有的实在的认识论功能，揭示了如何从语境转变下的潜在实在实现科学实在的机制。

隐喻分析的动态性原则。从模态逻辑在量子场论中的模态解释的实现方式可以看到，其不再寻求本体论不连续问题的回答，而是将本体论问题在模态解释这个"转换器"的转换作用下变成客体属性的量化运动的模态实在性。量子态与环境相互作用后产生的属性如何追踪，即从模糊对象到数值分析的量化思维的实现。这样的过程本质上是将本体论问题转化成为认识论问题，即在回答认识何以可能的问题中，实现了思维如何对对象的实在的过程性的把握。

对实在的形式的把握从经典粒子的各种动力学量到抽象的量子态，继承了亚里士多德的形式因思维，即物质是抽象的，形式是可以把握的，然而形式的层次性，使得元归纳法一直在运用，在这个过程中，动力学的量获得了数学的赋值，运动形式的量成为通往实在的密钥，运动形式的终极挖掘引领着对实在的结构的新的发现。

3.1.4 开放的研究

在所有公理模型中，每个定域代数 $R(O)$ 对于超定（hyperfinite）类型Ⅲ因子都是唯一同构的。存在获得 $Z[C\rho, R(O)] = C_l$ 的新方式，即，当 $R(O)$ 的态 ρ 是遍历态，即 ρ 在 $R(O)$ 中有一个弱的中心。如果 R 是超定类型Ⅲ因子，在希尔伯特空间 H 中存在正定的单元矢量的密度集合，R 的作用是在 R 弱的中心（遍历态）引导正确的态。

相对论量子场的态，在模态解释中必须保证定域观察量有确定值，场态的集合遍历对类型 III 1 定域代数是致密的。Summers 和 Werner，尤其是 Cor. 的结论表明，任何定域菱形代数 $R(\blacklozenge \beta r)$，存在场态的致密集合，在 $R(\blacklozenge r)$ 的中心包含了超定类型 II 1 因子，并不是弱的。模态解释还需要证明某些物理的原因忽略许多场态的致密性定域地获得弱的确定值的观察量。在退相干中不再与非稳定性相关。

回顾以上所有，注意到量子场论的解释的焦点是场定域及其实在的问题，对场的定域的正确认识是整个量子场哲学研究的基础和立足点。对此问题的研究在，区别于量子力学的定域的量子场定域的特征和带来的对实在的新的认知。

3.2 非定域性论题的语境论分析
——从量子力学和量子场论的发展看

本书立足于语境思维介绍非定域性概念起源的理论语境和解释语境。并指出，量子场论构造的定域的数学表征表现了实在的变动性和可分裂性，集中体现为量子场论中的"模定域"概念的提出。理论物理学在投影的渐近协变关系与实验散射的矩阵表示互为表里，实现了用代数拓扑的模定域给出物理实在的场定域的形式语境，即真空极化以定域模形式的精确表达，超越了量子场隐喻的模糊性，代替了粒子的概念。进一步确立了量子场语境下和量子场概念相一致的时空观、物质观和因果观。

量子场论的发展深刻表明了量子力学和量子场论是两种不同的概念体系。两种物理学中的粒子概念持有两种不同的定域性。而量子场论的内涵表明，量子力学和广义相对论各走对了一步。量子力学发现了时空是离散的，相对论发现时空是几何的。量子力学突破了经典物理学假设中将认识论作为本体论的决定论逻辑，认为首先假设测量被建立起来，才能有一个值——是物理量值和测量结果之间的关系。相对论是没有点的几何时空。拓扑将非连续的时空反映到物理理论，连续时空观是点概念基础，拓扑时空观是域概念基础。宇宙是运动变化着的事件互联的宇宙，时间和因果关系是同义的。每个观察者都在被观察系统内。[①]德国数学物理学家伯特·施罗尔（Bert Schroer）坚持整体主义哲学立场，给出弯曲时空（CST）量子场论的因果定域化的"模定域"实在性解释。不同于非相对论的量子力学，相对论量子场论的模定域是代数拓扑几何的真空极化下统计的熵。进一步，黑洞霍金辐射的量子场论解释和量子引力得到了熵意义下的几何和代数的表里为一的表述。同时，与爱因斯坦的实在论并不冲突。

3.2.1　非定域性论题的起源

非定域性论题发生于量子力学刻画的微观普朗克尺度上的现象，是指两个相互作用的量子粒子相互作用后仍处于远程强关联的量子纠缠态。在牛顿力学的欧式几何空间语境下，空间坐标上虽然看似分离，但是在对其中一个粒子进行测量导致另一个粒子表现出瞬时远程关联，处于纠缠态，称为非定域性。以 EPR 论文为标志，以爱因斯坦和玻尔（Niels Henrik David Bohr）为首的两派科学家阵营关于量子力学的哲学展开论战[②]，目的是证明爱因斯坦的定域实在论及玻尔测量的概率实在论的正确性。论战以玻尔胜利结束。对此，玻尔的解释是，错的不是量子力学，而是哲学。运用语境分析方法给出非定域性论题产生的原因，澄清非定域性论题的内涵和实质。

1. 非定域性论题产生的理论语境——非相对论量子力学单个粒子系统的玻恩概率解释

玻恩通过做实验表明，量子粒子运动到计数探测器上的什么位置是个

---

①　李新洲. 拓扑斯理论的时空观 [J]. 科学，2002（5）：15-19.

②　EINSTEIN A, PODOLSKY B, ROSEN N .Can Quantum-Mechanical Description of Physical Reality Be Considered Complete? [J] .Physics Review, 1935, 47：777-779.

概率统计性的理论解释，即不同位置都有可能出现。出现的概率用统计的波函数振幅的平方表示。波函数可以给出粒子的各种性质，又称为量子态。两个光子相遇后产生的量子纠缠态是相遇前各自波函数量子态的联合或者线性加和，则相遇分开后的量子纠缠态依旧不变，表现为其中一个被作用，另一个也瞬时似乎受到作用，发生改变。这是统计关联表现。玻恩的概率统计解释预设了量子粒子是全同粒子。两个全同粒子系统在空间运动的波函数会产生空间重叠。在重叠区因为存在不确定性，无法完全区分波函数描述的是哪个粒子，只有在波函数不重叠时，才可以区分不同的粒子。粒子互相交换不引起物理状态的改变，称为对称性，推广到多个全同粒子系统中，对称性依旧存在。随着量子力学运用希尔伯特空间标记粒子的量子态，作为经典个体计数的数学基础发生了改变。量子力学中粒子的实在性被解释为莱布尼茨的单子，对应于刻画每个单子的波函数。孤立单子是没有结构的抽象实体，其实在性来自希尔伯特空间中的单子之间的关系。实在来自单子之间的相互关系序化的时空。全同粒子构造的统计是玻尔兹曼统计，自然引出——玻尔兹曼宇宙学——宇宙演化成熵增趋向无穷大的各向同性的混乱状态。

　　薛定谔方程描述单粒子远远低于光速的运动，是非相对论的量子力学。它的因果关系的表达产生于 1949 年，玻恩对量子态给出概率期望值解释，表达式中的位置算子给出波塌缩到某个态的期望值，随后牛顿和维格纳将此推广到相对论量子力学，被物理学界称为玻恩 – 牛顿 – 维格纳定域[①]，它不是庞加莱协变的。在渐近极限下，散射理论建立其上。这时的粒子近似为经典物理学中的粒子。散射理论可以用矩阵表达入射粒子和散射粒子的关系。但是，这种表示不满足定域的协变性，不能将庞加莱群与量子场论联系起来。庞加莱群是相对论的，相对论要求接近光速，是互作用以非常高的能量量级才可以实现，由于能量动量的不断变化决定了量子力学中

---

　　① 牛顿 – 维格纳定域是获得相对论量子粒子的位置算子的程序，与有限范围内的 Reeh–Schliedert 公理冲突。牛顿 – 维格纳位置算子 x_1, x_2, x_3，在单粒子的相对论量子力学中优先于位置的概念。

的全同粒子是不可能存在的，因此莱布尼茨的单子实在变得不存在，相应的玻尔兹曼宇宙学也破产了。

2. 非定域性论题的解释语境——量子场论的模定域

继莱布尼茨的单子哲学破产后，如何去建构广义相对论效应下的粒子理论呢？狄拉克建立起电子的相对论波动方程，给出类比场的激发、退激方式去解释。量子场论建立的前理论准备：爱因斯坦 1905 年提出光量子假说，解释了光电效应（量子 + 电磁），1906 年提出固体比热的量子理论（量子 + 热），1916 年提出受激辐射理论（量子 + 跃迁轨道——费米 – 狄拉克统计），1924 年提出玻色 – 爱因斯坦统计理论（近似为麦克斯韦 – 玻尔兹曼统计）。[①]麦克斯韦电磁场论 （1873）假设了静止以太的绝对空间，给出因果决定论的可逆自然律和法拉第力线的场本体论。对应的因果关系是不超过光速的，即任何作用导致的运动的传播速度远远低于光速，在时间单向坐标轴的序列中，原因在前，结果在后。热力学（19 世纪）是因果决定论的不可逆唯象定律——经历了从热素说到分子运动论（玻尔兹曼）再到唯能论(马赫)的本体论演变。相对论以彻底贯彻麦克斯韦的电磁场论，宣告了牛顿力学的绝对时空观和粒子本体论的破产，但仍然坚持牛顿力学的因果决定论理想——从牛顿力学到狭义相对论，再到广义相对论——物理定律的对称性不断扩展：不随惯性变化的伽利略群→庞加莱群→不随任何参照系变化的爱因斯坦群 [②]。但是这些没有体现量子力学中的离散性。

量子场论的构造原则 [③]：满足量子力学对测量结果的统计性预测，也就是满足玻恩统计解释。满足对应规则，即在粒子数目为 1 的情况下给出单个粒子的量子力学。量子场论更进一步给出粒子内部空间对称性假设，即给出特定粒子的结构和分类，粒子内部空间是由一些特定的场组成的。

---

① 王福山 . 近代物理学史研究［M］. 上海：复旦大学出版社，1983：226–227.

② 赵国求 . 论如何消解物理学中现象对观察者的主观依赖性［J］. 江汉论坛，2017（6）：54.

③ 王正行 . 简明量子场论［M］. 北京：北京大学出版社，2014：2.

空间分布的场是一个无限自由度的系统，场坐标是关于时空的函数，是系统的正则坐标，空间坐标标示了系统不同自由度。系统的拉氏函数是对拉氏密度的积分。相对论的场论模型，一般是从场的拉氏密度出发。一个场论的模型，就是关于场的拉氏密度的一个具体假设。知道了场的拉氏密度，可以从欧拉－拉格朗日方程获得场的运动方程。拉氏密度的某个对称性对应一个守恒量。例如时间平移、空间平移和空间转动三种变换不变对应场能量、动量和角动量守恒。真空能量无限大。波动方程的正能解和负能解分别对应粒子的湮灭和产生。根据量子场论，在真空中存在无限多的虚粒子的产生、湮灭。能量大的成为粒子从真空逃跑出来，能量小的虚粒子在真空内部。量子纠缠是这些虚粒子之间互相的量子叠加态导致的全域关联。将量子力学中坐标－动量算符化方法向无穷多自由度系统——场推广——正则量子化，可以通过作用量将理论纳入哈密顿正则形式。得出诺特定理：物理系统的对称性对作用量的形式加以限制，构造出系统的作用量。量子场论中系统所有可能态（包括多粒子态、纠缠态）线性张成的希尔伯特空间称为（巨）福克空间。每一种"粒子"就是量子场论的对称的一个不可约表示，对应于福克空间的某一类型的子空间（单元素），粒子的能量最低态是真空态（可能不唯一，但通常假设唯一），在表示论意义下被称为最高权向量。一个量子场论对应一个 C 线性半单张量范畴，是所有可能的观测量的表示范畴，量子系统的对称性是观测量代数的子代数，关于对易关系构成一个李代数。所谓的顶点算子的作用在于在某一个具体情况下，改变系统的状态，把范畴中的一个元素（一个具体的表示）变为另一个元素（另一个具体的表示），所有可能的定点算子构成了系统的可能的"运动"，顶点算子可以有几何化描述，可以看作模空间上的某些局部算子。实现了"离散性＋拓扑几何"的量子场论形式。

　　量子场论需要玻恩－牛顿－维格纳定域，还需要模定域表达相互作用引发的真空极化和对有限距离上的实在的描述。模定域实在性是单子的模定位（几何的），超越抽象单子副本的关系解释，表达量子非定域性行为的动力学机制。闵可夫斯基时空和其不变群分析、庞加莱群分析一起和更抽象的有限单子在联结的希尔伯特空间中定位，将庞加莱群分析作用其上。希尔伯特表征方式被剔除出去，取而代之以代数拓扑和拓扑的自同构的分裂性，用模同构的微分表示。爱因斯坦建立狭义相对论，强调不能使用"绝对时间"这类不可观察量，只有辐射频率和强度这些光学量是可观察的。海森堡建立的矩阵力学形式发现动力学量不服从乘法交换律，用的代数方法强调不连续性，概念基础是离散性。离散的粒子满足莱布尼茨统计，拥有不可逆的热熵，对应物理实在过程中的结构和组织的生成。威滕（Edward Witten）的拓扑量子场理论很好地调和了量子物理和引力，给出拓扑量子场论的宇宙学解释。

3.2.2　非定域性论题的本质

两种不同定域概念来自牛顿力学语境，是指不同相互作用的客体具有确定的空间坐标，不同的客体互相分离。其理论原理是牛顿力学欧几里德空间，确定惯性系的绝对时空，因果决定论是可逆自然律，拥有原子论的粒子本体论。牛顿力学的概念基础是连续性和点概念。量子场论的概念基础是离散性和域概念。狄拉克方程基于泡利不相容原理的空穴理论可解释粒子－反粒子产生、湮灭现象，超出粒子本体范围。场的激发产生相应的粒子、反粒子，场的退激湮灭相应的粒子、反粒子。费米发表的关于双原子思想实验与玻恩、牛顿、魏格纳带来的时空定域和信号传播的理解上的冲突——模定域被逐渐建立起来。

模定域理论是数学代数拓扑群论方面的。拓扑是关于位置的几何。它研究物体在连续变形下不变的性质。数学家庞加莱建立起"代数拓扑"。庞加莱的拓扑学和希尔伯特的代数几何作为像普朗克量子论和爱因斯坦的相对论一样的对立被统一起来。庞加莱将几何体剖分成基本组成部分（点、边、三边形、四面体⋯⋯分别对应 0，1，2⋯⋯对应符号 A，B，C，D，⋯AB，AC，AD，BC，BD，CD，⋯ABC，ABD，ACD，BCD，⋯得到点链面的加和关系），2004 年，俄罗斯数学家裴若曼给出证明，并于 2006 年获得数学菲尔兹奖。2009 年，菲多夫斯基（Fidkowski）和基塔耶夫（Kitaev）

发现相互作用可以改变无相互作用拓扑物态的分类。[①] 该发现被用于解释大统一理论中的宇称不守恒现象中有 16 个左手征费米子而完全没有右手征费米子的现象，也用于解释希格斯粒子质量远比普朗克尺度小的问题。2011 年，文小刚等发现了"对称性保护拓扑态"，更为希格斯玻色子的解释指明了方向。[②] 模定域的特征是，定义在某个域上的向量可以运用在不同域上。流形，是局部与欧氏空间同胚的空间，能用欧式距离进行距离计算，给高维进行降维计算带来很大启发。低维流形嵌入高维空间，在高维复杂的点集，在低维可以建立映射关系。这样的映射关系表现在复杂自组织系统中，被称为自相似，但是各个方向的伸缩比不完全相同，所以得到自仿射集。自仿射性的体系叫分形。宇宙的复杂性、生物多样性和结构性产生了。

这样，物理实在是两种熵过程：热熵和信息熵。根据热力学原理，宇宙是一个熵增的过程。信息熵是整个随机分布带来的信息量平均值，来自经验的统计。引申出来的互信息概念表达两个随机变量的分布之间的距离。[③] 产生信息是一个引入负熵的过程，是复杂度增加的指标，信息熵增高，表现为传播的范围更窄、流传时间越短，事件集合的肯定性、组织性、法则性或有序性增加。与热力学熵相反，莱布尼茨宇宙中，偶尔的统计涨落产生出组织和结构，没有任何两个瞬间相像，不允许瞬间重现，因此拥有高度的复杂性，产生出不同模式和结构的大规模矩阵。这些模式和结构随着时间不断改变，以保证每个瞬间与其他瞬间有所不同。因此全同粒子不存在，是牛顿范式的[④]。

麦克斯韦在克劳修斯（Rudolph Clausius）的分子运动论上，将概率和统计方法应用于热力学，推导出麦克斯韦分布。根据熵增原理，忽略量子

① FIDKOWSKI L，KITAEV A. Effects of interaction on the topological classification of free fermion systems [J]. Phys.Rev.B，2010，81（13）；134509.

② WEN X G. A lattice non-perturbative definition of an SO（10）chiral gauge theory and its induced standard model [J]. Chin. Phys.Lett，2013，30：111101.

③ 阮一峰.熵：宇宙的终极规则 [J].财新周刊，2017（17）：84.

④ 斯莫林.时间重生 [M].钟益鸣，译.杭州：浙江人民出版社，2017：214-216.

效应，加上概率归一化以及系统平均能量与温度有关的约束条件，后来推广到存在势能的地方，被后人称为麦克斯韦 – 玻尔兹曼分布。1929 年，希拉德研究麦克斯韦妖，认为熵的减少在于测量，测量的目的是为了获得信息，即每次完成循环回复系统原状的过程至少需要获得二进制中一个比特的信息。信息的获得需要付出代价，就是使得周边环境的熵增加，系统热熵的减少源自测量过程中信息熵的增加。1948 年，香农提出信息论。希拉德的理论将信息和能量消耗联系起来。[①] 根据信息论揭示的，量子类似超流体性质的真空的一种运动状态，流体中的涡旋结构，多个量子纠缠程度增加时，原本描述它们信息的信息会倾向于关联所有的信息，变成对所有纠缠粒子的整体描述，单个粒子信息归于湮灭，粒子进入一种平衡状态，就产生了因果律。

模方法构造的成功根据相互作用的丛[②]。保证定域观察量的量子场论的存在，基于相空间中自由度的核性，Lechner 建立起双光锥交叠的标准性，展示了定域量子场论模型的非凡性。事实上，真空中不可能出现单个粒子的生成。一般是在真空云中分离出来，而真空极化云是两个无关粒子的混合交叉部分。用抽象的单子刻画，单个单子用一个因果光锥表示，两个单子出现的交叉部分为真空极化云。真空极化的原因在于测不准关系的微观能量涨落导致的能量不守恒。在极大的能量涨落下产生极化云。又因为量子纠缠很容易受到干扰而消失，因此两个具有因果关联的纠缠的单子，很容易被干扰而将纠缠破坏掉，在足够远的距离下，两个纠缠粒子终于分裂成独立的两个粒子。

模论被用于建立 QFT 中的可积分性和"真空极化"属性所存在的深刻关联。帕斯卡·约旦认为许多量子场论的问题不是本质的，而是因为量子化方法。比如无限大的发散就是武断地将量子力学作为量子场论。模定域是通过对全域真空态的限制。量子力学中真空态能量为 0，而量子场论真

---

① 孙昌璞，全海涛. 麦克斯韦妖和信息处理的物理极限 [J]. 物理，2013（11）：756-768.

② SCHROER B. Localization and the interface between quantum mechanics, quantum field theory and quantum gravity I [J]. Studies in History and Philosophy of Modern Physics, 2010, 41：293-308.

空充满负能量。模哈密顿是模自同构的发生算子，其集合被物理学家们描述"模糊的"运动。模自同构性实际上定义在全域代数上，模糊自同构性变成几何上接近域 O 的因果视界。伯特·施罗尔（Bert Schroer）认为，量子场论的定域概念本质是模定域，具有非定域的可分裂性，在真空极化云中产生或者湮灭粒子，量子力学只需要玻恩－牛顿－维格纳，而量子场论不仅需要玻恩－牛顿－维格纳表述渐近粒子行为，还需要模定域表述粒子的生成、湮灭之前的真空发生了什么。这个观点利用了莱布尼茨的单子属性作为突破口，弱化了粒子和场的本体性内容，模定域突出了真空的热性质和熵结果。需要用几何拓扑的整体性数学形式表述，其动力学过程用模定域构型。从量子场论在相互作用表征的数学形式看，粒子概念在概率意义上局限于有限时间上存在，量子场是转瞬即逝的存在，存在无数的"内插场"和一个粒子相联系。没有玻恩定域和投影算子，不会有散射理论导出的横截面，因此量子场论是全息投影意义下的运动场的数学表征。仅在类时渐近极限下，支撑量子力学的维格纳定域——玻恩－牛顿－维格纳定域的两个事件变成几何关系，在动量的意义上独立于指称框架，是庞加莱不变性宏观因果的 S 矩阵（粒子散射行为）。作为时空序化设计的莱布尼茨的单子，其关系实在性特征逐步被量子场实在的整体几何拓扑的运动性和变化性取代，伴随着真空的理解的变化，尤其是"真空极化"概念。

"真空极化"概念出现于20世纪20年代。狄拉克提出粒子的空穴理论，即电荷－反电荷对称导致出现反粒子，并引入重正化计算方法。数学上的拉格朗日场被用于真空产生粒子－反粒子对，粒子－场关系在相互作用的量子场论中被注意到。这些对的数量随着微扰序增加指向事实上的定域（作用于真空上的定域的算子）——处理任意高能量构成的无穷极化云。在相互作用理论中通过真空定域微扰创造粒子，"真空极化云"破坏了对粒子的观察，但是在充分的时间后，粒子从极化云中分离出来。这些粒子在量子场论和实验实在的关系上，仅仅拥有渐近的存在意义。从此，"真空极化"成为理解所有粒子生成和质量起源以及对称破缺的最有力的隐喻概念。在弯曲时空中和热学量子场论中，渐近有效粒子概念被热学态和黑洞态中事件及宇宙态替代，描述微波背景辐射，测量的设计还原于能量和熵密度。运用粒子表征渐近的客体态形成福克空间张量积更为渐近完备的描述 [1]。

渐近粒子结构给量子场论丰富的可观察性。一旦撇开这个背景去研究弯曲的时空或者 KMS 热学表征中的量子场论，或者如果将闵可夫斯基时空理论局限于 Rindler 楔形哈密顿量中，丢失的不仅是散射理论背景，还有作为庞加莱群粒子的概念，丢失了散射理论大部分的观察性。剩下可观察的现象是类霍金（霍金，1975）辐射密度和它们的波动，即表现在宇宙背景辐射中的观察量。量子场不可直接测量到。形式上，定域协变原理促使量子场论的构造建立在因果完备的流形和子流形上（满足全域拓扑不变性）。因此，闵可夫斯基时空中的量子场论带着它的粒子解释常常是一部分解。实际上需要更直接的经验上的联系。在福克空间中，量子力学的产生／湮灭算子表达测量后塌缩到某个态的概率幅，单个电子或者光子的概率场，算子作用对象是能级；量子场论背景中傅里叶变换维格纳的生成／湮灭算子，算子作用对象是粒子数（电磁场——大量光子累积的场），表达定域观察量不可能保证协变性——粒子数发生变化。在量子场论中，运用统一的福克空间而不是薛定谔形式。基于定域定义物理子结构出现不同结构，如，将空间分解成非交叠空间域。量子场论中的粒子的特点是，特定质量的粒子连同无数无质量粒子同时产生，存在无数场产生相同的定域算子代数网格并插入相同的粒子。属性不直接相关于单个的类点／类弦场，而是关联于好的定义的因果阴影。定域因果上产生无限大的真空极化云，定义一个分裂距离。作为定域性原则的后果是一个自旋的粒子携带一个低自旋的伴子。这也是解释自发对称破缺以及希格斯屏蔽产生粒子质量的起源的原因。

3.2.3 非定域性论题的意义

非定域性一词，根本上还是牛顿决定论因果观语境下的概念。模定

---

① B.Schroer, Localization and the interface between quantum mechanics, quantum field theory and quantum gravity I. Studies in History and Philosophy of Modern Physics [J]. 2010（41）：104-127.

域①的量子场论语境起源进一步说明，宇宙的全息运动和多维的顺序展开实际上是无限的。这引发了如何调和普通的三维现实这一明显的问题。相对论量子场论中的因果性是数学地通过定域可交换性表示。QFT 定域免于场的对等（调和）的偶然性。在物理和数学上群表征理论中称为"模论"，数学中称为（幺正）模，被认为是唯一的。只有在热力学极限下存在，当粒子行为表现的轨迹形式丢失其意义，必须分析 KMS 边界条件。对于观察者，模运动是全域守恒的微分同构。纯代数运动没有"轨迹"——被称为"模糊的"。当模运动到达一个微分同构，实验表明，通过恰当的加速度将观察者限制在全域守恒轨迹上。对于观察量，共形理论存在于闵可夫斯基时空的狄拉克 - 威尔紧致 M 中，甚至对于紧致的双光锥 D，导向模微分同构。

　　量子场论中没有粒子解释，维格纳粒子依旧固有着类点粒子特征，这样可以解释测量现象。运用薛定谔方程表达的量子纠缠，和运用庞加莱群表征的纠缠的区别是，纯态和混态的表达区别。紫外发散的出现在于在某些计算过程中错误地将量子场论等价于量子力学，也是忽视了类点定域场的本质上的特殊性。量子纠缠对于模定域概念而言属于数学态的表达的方式的选取问题。物理学中"真空极化"实现了用"定域"替代"点粒子"，而实际中不存在纯态表征的真空，所以量子场论无法达到极限下的量子力学。因此，薛定谔方程的表达方法被剔除出量子场论理论体系。因此，不存在自由的相对论的费米子（或者玻色子），便不存在点粒子的量子力学。这样表达整体全域因果特征的热学或者统计力学与模论存在深刻的关联，模定域结构与量子场论的结构调和得非常好。量子力学中的单子概念仅仅是热力学极限下的类比，是一种理想化的存在，这样的单子不存在能量和熵的内容，因此建立在抽象单子本体上的关系本体论也不再适用于量子场论。因此，量子场论语境下的量子力学的单子概念并不是实在的，这也表明不恰当的隐喻带来的危险性。因为不确定关系的存在允许能量守恒的破

----

① 出生于 1933 年的著名德国数学物理学家 Bert Schroer，致力于量子场论的研究，集成 B，H.-J.；Brunetti R.，Fredenhagen K.，Verch R.，Brunetti R.，Guido D.，Longo R. 等一大批数学物理学家们的研究，提出模定域的概念。

坏，从而导致"真空极化"，避免了这样的隐喻。定域熵帮助了真空极化的理论的形成，以及分裂属性的数学表达的实现和概念内容上的正确化。

量子非定域性的哲学意义正是为什么玻姆（Bohm）称为的"非因果关系"。对他来说，关键是将整个系统分析成一组独立存在的系统。但是，相互作用的粒子以一种全新的方式分解。得到的发现是，不是从数学方程和实际结果的关系实验意义考虑。实在的完整的整体包括整个宇宙的所有"场"和"粒子"。"真空极化"和相互连接是整体行为的展示，在量子力学中缺乏这个极限。不是在被测物体、测量器械和环境之间进行分割，而是将三者作为整体。将真空局限于整个系统内部，在因果关节点上，"真空极化"的驱动动力学被具体化。场的概念包含了实在的活动的方面。大脑像测量仪器一样，测量到量子信息，又链接到经典宏观领域，将其转化为宏观日常生活的理解。这里涉及意识的问题和因果关系。人的意识的注意力的自由创造是数学，而意识对运动的关注涉及感官的感知和思想使用语言的表达方式、表达能力和形而上学的洞察。玻姆认为，物质多于解释的秩序，解释的含义只是给意识一个规定边界，而意识本身就是世界的一个方面，是物质全息运动的一部分。[①] 于是，关于实在得出的语境性认识是：

共享时间观。量子场论作为全息互连互通互动的宇宙实在的表征，保留爱因斯坦的时间的局域性，加上空间拓扑建立起的不同局域之间的在全域关系上的运动的共享，即相应地具有全域的"共享时间"的时间共享特点。量子场论中，牛顿－维格纳定域变得协变，宏观因果性与微观因果性合并起来，模定域具有渐近概率的玻恩－牛顿－维格纳概念。牛顿－维格纳定域和内在于量子场论中的定域不同，量子场论定域本质形式脱离奇异的类点"场坐标"，被指称为模定域。各种模定域特征，始于模定域态并推广到更严格的代数对应上。准无限类空概念的类空弦定域将古老的定域

---

① PYLKKÄNEN P T. Mind, Matter and the Implicate Order [M].Berlin: Springer, 2006: 235–239.

问题用维格纳无限自旋表征，说明弦理论对象是一个无限构成的场[1]。态和代数的模定域是一个本质，即场—协同化—无关，去形式化定域性——宇宙热辐射的背景无关——粒子差异的稳定性表观，作为量子场论的特征。按照有限数量的单子，在一个具体的模位置中，不同真空极化定域算子形式因子之间的关系稳定。另一方面非定域的分裂性，产生了接近于爱因斯坦的观点。为了保护所有可能的整体性测量，在类空分隔实验中，不是在绝对整体性的 EPR 情形中，两种观点之间不存在对抗。

语境实在的经验性。弯曲时空的量子场论表明粒子基本观发生了彻底变革。沃尔德（Wald，George）研究弯曲时空中的量子场论，提出取消粒子概念，在场的可测量假设下去研究。但可测量性要求稳定性和个体性；量子场是一个转瞬即逝的客体，是无限多的，似乎不存在可测量性，允许区别携带同样电荷的等价的场的成员。或许存在中间的弱的转瞬即逝的客体，相似于粒子的角色，定义稳定的 $n-$ 重定域中心，在庞加莱群对称存在的地方在切空间或许存在物理意义，从而基于粒子物理学去讨论庞加莱对称。模定域的热学特征非常丰富。而这些观察的本体论内容非常弱。仅当因果定域视界从思想客体经过弯曲时空到达真实的事件视界，在黑洞中观察者的因果视界消失的特征进入时空本体。"定域性"被用于态和子代数中。没有相互作用时它们是同义的。量子力学中不存在真空极化云的形式化刻画。在量子场论中真空作为热态存在是统计意义上的，代数算子作用其上，产生极化。模定域对应的是态的相空间密度。粒子被解释为因果光锥的定域事件，是热熵的几何定域，等于因果定域，等于模定域。量子场论理论的构造抛弃了量子力学的哈密顿函数——测量——理论化方法——自由场实际上在短距离上不存在的方法。量子场论热的代数拓扑理论可以拓展到任意高的能级上。抛弃了拉格朗日函数及对应的量子化方法。量子场论等于模定域加真空极化。真空极化是因果关系的内部驱动力。真空式热密度的无粒子的观察者将因果

① SCHROER B. Localization and the interface between quantum mechanics, quantum field theory and quantum gravity I [J]. Studies in History and Philosophy of Modern Physics, 2010, 41: 293–308.

视界引入时空本体性中。热纠缠对立于量子力学的信息纠缠。

3.2.4 小结

语境分析方法在物理学哲学前沿的研究中发挥的作用表明，物理概念的论争往往体现了不同哲学观在超出理论语境下的概念不恰当使用[①②]。不能将旧理论语境中的数学本体不加分析地武断地替代物理本体。物理本体的分析永远建立在经验上，数学本体的特点有利于给予物理本体的结构性信息展示。但是，数学结构的形成完全基于逻辑，物理学中的数学逻辑基于有限经验构成的语境。通过进行不同语境的对比分析，得出新的时空观、物质观和因果观。在圈量子引力中，空间被描述为一张动态的关系网。空间的体积是量子化的，量子态只能拥有分立的体积。在广义相对论中，空间几何被证明是动态的，随时间而变。普朗克尺度、几何得到量子化，能量尺度的改变就一定伴随着空间几何的改变。如，引力波穿过空间时，空间的量子几何将会发生振荡。

圈量子引力的贡献在于将广义相对论方程转换为图如何随时间演化的简单规则。建立在新的经验基础上的时间概念进一步在量子场论的代数拓扑的全息运动互连中被消解为拓扑关系的反映。时间是刻画运动和运动着的不同部分之间的动态关系，是真实的。在量子拓扑几何空间节点连通模型中，所有粒子高维都在同一位置，同步时钟变得成为可能。[③] 时空是量子之间通过纠缠形成的一种综合效应。真空中不断产生湮灭类粒子，单一的粒子不能形成时间－空间，或者仅仅数个粒子纠缠也不能称之为时间－空间[④]。因果关系本质是对运动中的热熵和信息熵的正负循环往复的反馈造成的物质结构和生命结构的揭示。玻尔的立场是实证主义色彩的现象整

① 郭贵春."语境"研究的意义 [J].科学技术与辩证法，2005（4）：2.

② 郭贵春.语义分析方法与科学实在论的进步 [J].中国社会科学，2009（3）：55.

③ 斯莫林.时间重生——从物理学危机到宇宙的未来 [M].钟益鸣，译.杭州：浙江人民出版社，2017：193.

④ 赵国求，李康，吴国林.量子力学的曲率诠释论纲[J].武汉理工大学学报（社会科学版），2013（1）：60-67.

体论，爱因斯坦坚持的是经典实在论的理想，这种实在论理想在量子论中无法满足，甚至无法在分开两个粒子时保证它们不相互作用，一旦以某种方法分开，它们的量子态就已经变化了。哥本哈根解释符合量子力学的形式体系的哲学解释，爱因斯坦从决定论角度来批判它可能误入歧途。但是，哥本哈根解释似乎不符合量子力学与相对论相协调发展的长远趋势。哥本哈根解释忽视了量子力学的热力学起源。非定域论题被消解掉了，因为不属于量子尺度和相对论尺度下的物理实在的特征，其论题应该被抛弃，哲学论题的消解从根本上依赖语境分析，对不同理论文本呈现的实在的本体性特征的把握必然给出旧哲学问题的狭隘性和过时性。

3.3 基于模态逻辑建立的一个模糊概念分析的语境模型

在此部分中展示了语境模型、模态逻辑和模糊概念分析之间的关系。并展示出由 Gebhardt 和 Kruse 建立的语境模型可以语义地延伸并被视为 Resconi 等于 20 世纪 90 年代建立的元理论框架中一个模糊概念分析的数据模型。接着，语境模型提供了一个时间框架去构造模糊概念的归属函数，并给出在运用中的对著名的基于 t 的集合的理论确证的基础，诸如小 – 大和积 – 和规则。语境模型中模糊概念的量的解释也被建立起来了。模糊概念的数学模型的首次引入是被 Zadeh 运用隶属性的部分维度的概念，联系着对人类知识的自动地表征和运算。数学的基础以及成功运用的模糊集合理论已经被建立起来。然而，涉及模糊集合的语义学，目前存在一个要素隶属度的解释缺乏一致性。Dubois 和 Prade 已经揭示了对于从属函数三个主要的语义学，其中的每个语义学成为某种类型的应用的基础。正如这个，模糊集合 – 基运用变得可行，仅仅当构造相关模糊集合的从属函数的方法被在应用语境中充分地给出。①

---

① BALDWIN J F, LAWRY J, MARTIN T P. A mass assignment theory of the probability of fuzzy events ［J］.Fuzzy Sets and Systems，1996，83：353–367.

Resconi 等人已经建立起基于模态逻辑的不确定性的元理论的解释。尤其是，他们建立起命题模态逻辑的通常的语义学作为统一的框架，将不确定性的各种理论统一起来，包括模糊集合理论，Dempster-Shafer 的证据理论，可能性理论和 Sugeno 的 λ - 测量，可以被概念化，被比较，并被分层次地组织起来。尽管 Resconi 的理论作为一个对不确定性研究的统一方式表现出非常有成果并具有潜在的重要性，它也是一个非常抽象和需要在应用情景中将语义和数据模型联系起来的方式。同时，Gebhardt 和 Kruse 已经建立起模糊性和不确定性的模型——语境模型，提供了几个诸如贝叶斯理论、Dempster-Shafer 理论和可能性理论等不确定性理论的比较的语义学基础的形式框架。从形式概念分析的视角看，基于形式概念分析理论和语境模型的概念，已经提出一个模糊概念的数学建模的问题。尤其是，介绍了语境模型中的模糊概念记忆与这些模糊概念相关的从属函数。[①] 表明模糊概念可以被精确地解释为从属函数的 α 截止值的集合。这个方法对于形式化模糊概念是合适的，其对对象的个性的量的描述是口语化的，诸如高、短、非常高等。这使得在不同领域中，难以形成付诸对象的个性特征的综合上的复杂的模糊概念，诸如高和重。基于被 Resconi 等人在 20 世纪 90 年代建立的元理论，提出语境中的模糊概念分析的模态逻辑的模型。通过这个方式，可以通过运用模态逻辑模型整合语境模型，并建立计算方法用于表达复合的和复杂的模糊概念的从属函数，基于 {0, 1} 值对应于真值被赋予 {F, T} 被给予一个给定的句子作为对一个可能世界的语境的回应。这个模型的模糊交集和模糊么正算子是真函数，并且它们都是著名的积 $t-$ 范数（norm）和概率的和 $t-$ 协范数（conorm）的对偶对。

3.3.1 语境模型

当真实世界包含着事件的一个大数和连续的数值，人们仅仅展示并拥有了从具体事件中得到的它们的抽象概念的知识。人类推理的基本元素是

---

① BUCKLEY J J, SILER W. A new t-norm［J］, Fuzzy Sets and Systems, 1998, 100（1-3）: 283-290.

句子，一般包含着模糊概念。在模糊数据分析的框架中，Gebhart 和 Kruse 引进了语境模型作为不完美数据的表征、解释和分析的方法。这个来自观察的方法的短期的动机是源自不完美数据是因为情境，其中不能具体化对象的起源性基本特征的元组，出于所获得的不完美信息。[①]

定义为 $<D；C；A_C（D）>$ 的语境模型三元组（Triple），其中 D 是非空域（universe of discourse），C 是非空的语境有限集合，而集合 $A_C（D）$ =$\{ala：C \to 2^D\}$ 被称为与 C 相关的 D 的所有模糊特征的集合。令 $a \in A_C$ （D），a 是矛盾的（分别是一致的）当且仅当存在 $c \in C$，$a（c）\neq 0$，所有 $\cap c \in Ca（c）\neq 0$。对于 a_1，$a_2 \in A_C（D）$，如果对于任意 $c \in C$，$a_1（c）\in a_2（c）$，则 a_1 比 a_2 更具体。

如果在可测空间（C，$2C$）上存在有限的测量 P_C，则 $a \in A_C（D）$ 被称为 w.r.t.P_C 上的 D 的赋值的模糊特征。则会称四元组 $<D；C；A_C（D）$，$P_C>$ 为赋值的语境模型。形式地，如果 $P_C（C）=1$ 映射 $a：C \to 2D$ 是一个随机集合，在不同的语境模型中解释。应该提到模糊集合和随机集合的覆盖函数之间的形式关联被建立起来。

在 Gebhart 和 Kruse 方法中，每个被观察对象的特征被语境模型中的模糊量描述。应该强调的是，这个方法中的模糊量的形成是与模糊集合理论中的从属函数的创造和概率论中的概率分布在本质上分别是可相提并论的。

与形式概念的分析相关，去指出在 C 是单一元素集合的情形中，令 $C=\{c\}$，一个语境模型形式地成为一个 Ganter 和 Wille 的意义上的形式语境如下。令 $<D；C；A_C（D）$，$P_C>$ 作为一个语境模型，其中［C］=1，则三元组（0，A，R），其中 $0=D$，$A=A_C（D）$，$R \subseteq 0 \times A$，则（0，a）$\in R$，如果 $0 \in a（c）$ 是一个形式语境。那么语境模型可以被视为形式语境的集合。在这样的原则下，引进了关于模糊概念的数学模型化问题的处理方法，基于形式概念分析理论、语境模型概念和与这些模糊概念有关的

① HUYNH V N，NAKAMORI Y. Fuzzy concept formation based on context model［M］// BABA N，JAIN L C，HOWLETT R J. Knowledge-Based Intelligent Information Engineering Systems & Allied Technologies. Amsterdam，IOS Press，2001：687-691.

从属函数。有趣的是指出通往模糊概念的方法提供了 LT- 模糊集合概念和扎德意义上的模糊集合的统一解释。

3.3.2　模态逻辑

简单地回顾模态逻辑的基本概念。命题模态逻辑是经典命题逻辑的发展，给命题逻辑加上两个一元模态算子，一个是必然性算子"□"，一个是可能性算子"◇"。给定一个命题 p，"□p"代表命题"它必然是 p"，同样，"◇p"代表命题"它可能是 p"，模态逻辑语法被很好地建立起来。

对各种不确定性理论的模态逻辑解释基于克里普克模型的运用发展起来的模态逻辑基本语义学。一个模型 M 的模态逻辑是一个三元组：

$$M=<W,\ R,\ V>,$$

式中：W，R，V 分别代表一组可能世界。W 的二元关系，以及赋值函数，将它的值真（T）或者假（F）赋予每个可能世界中的每个原子，即

$$V:\ W\times L\rightarrow \{T,\ F\},$$

其中：L 是所有原子的集合。赋值函数的值归纳地延伸到所有的通常方式中的方程中，唯一的有趣的情况是

$$V(w,\ \Box p)=T\Longleftrightarrow \forall w'\in W,\ (wRw')\Longrightarrow V(w',\ p)=T\Longleftrightarrow$$
$$Rs(w)\subseteq \|p\|^{M},$$

$$V(w'\Diamond p)=T\Longleftrightarrow \exists w'\in W,\ (wRw'),$$

$$V(w',\ p)=T\Longleftrightarrow Rs(w)\cap \|p\|\neq 0,$$

式中：$Rs(w)=\{w'\in W|wRw'\}$，$\|p\|^{M}=\{w|V(w,\ p)=T\}$

关系 R 通常被称为可行关系（accessibility relation），当（w，u）$\in R$ 称世界 u 可通往世界 w。如果没有具体化，常常假设 W 是有限的。则 $W=\{w_1,\ w_2,\ \cdots,\ w_n\}$，其中如果（$w_i$，$w_j$）$\in R$，用矩阵 $\{r_{ij}\}$ 代表关系 R。如果（w_i，w_j）不属于 R，不同模态逻辑系统被不同的附加的关系 R 所特征化。有些模态逻辑系统被表 3.1 所列表示。

表 3.1 可行关系公理框架

可行关系	公理框架
无条件	$\Diamond\, p\, \Diamond <\,-\,> \neg\Box\neg\, p$
无条件	$\Box\,(p \to q) \to (\Box\, p \to \Box\, q)\, \vee$
序列 $\forall\, w\, \exists\, w'(wRw')$	$\Box\, p \to \Diamond\, q$
反身 $\forall\, w(wRw)$	$\Box\, p \to p$
对称 $\forall\, w\, \forall\, w'(wRw' \to |w'Rw)$	$p \to \Box\Diamond\, q$
传递 $\forall\, w\, \forall\, w'\, \forall\, w''(w\,Rw'$ 和 $wRw'' \to wRw'')$	$\Box\, p \to \Box\Box\, p$
有关 $\forall\, w\, \forall\, w'(wRw'$ 或者 $w'Rw'')$	$\Box\,(\Diamond\, p\, \vee \Diamond\, q) \to (\Box\Diamond\, p \vee \Box\Diamond\, q)$
欧几里得 $\forall\, w\, \forall\, w'\, \forall\, w''(w'R\,w$ 和 $w'\, Rw''$ $\to w'\, Rw'')$	$\Diamond\, p \to \Box\Diamond\, p$

3.3.3 基于模态逻辑的元理论

Resconi 和他的同事们在最初的语境研究中，基于模态逻辑建立起层次的不确定性元理论。尤其是，他们建立的命题模态逻辑的一般语义学，作为一个统一框架去对各种不确定性理论层次地概念化、被比较和被组织。在这个框架中，模态逻辑解释被用于几个理论，而 Sugeno 的 λ – 测量已经被提出。这些解释是基于克里普克的模态逻辑模型。

克里普克模型被三元组（M，R，V）给出。Resconi 等人建议增加权重函数 $\Omega: W \to [0, 1]$。

$$\sum_{i=1}^{n}\Omega\,(w_i) = 1$$

作为模型 M 的一个构成。通过这种方式获得模态逻辑的一个新的模型，即，$M_1 = <W, R, V, \Omega>$。对于模型 M_1，给 X 一个论域，可以考虑与拥有以下形式的模糊集合相关的命题：

$$Ax: x \text{ 属于给定的集合 } A,$$

式中：$x \in X$，A 指基于一个模糊概念的 X 的一个亚集合。集合 A 被看作一般的模糊集合，对于所有的 $x \in X$，根据以下的式子，其从属函数 μA 被定义：

$$\mu A = \sum_{i=1}^{n}\Omega\,(w_i)\,{}^{i}a_x。$$

诸如根据模糊集合定义的补集、交集和并集的集合理论的操作在基于逻辑关联的非、和、或者的模型 M_1 中被形式化。[1]

根据模态逻辑的 Dempster-Shafer 的证据理论的解释模型，创建者运用了命题形式 e_A：在集合 A 中被分类一个考虑到的未完全给出要素 $\in$ 的特征，其中 X 指一个识别框架，$A \in 2X$ 并且 $\varepsilon \in X$。由于这些命题的内部结构，将其视为原子命题是唯一的，命题 e_{ix} 是充分的，其中 $x \in X$。命题 e_A 则被定义为

$$e_A = \bigvee\nolimits_{x \in A} e_{\{x\}},$$

式中：$A \neq 0$，$e_\theta = \bigwedge\nolimits_{x \in X} \neg e_{\{x\}}$。

另外每个世界 $w_i \in W$，被考虑到为 $V(w_i, e_{\{x\}}) = T$ 对于一个并且仅仅是一个 $x \in X$ 以及可行条件 R 是连续的（见表 3.1），则模型 M_1 得到以下的方程用于 Dempster-Shafer 理论中的四个基本函数：

$$\mathrm{Bel}(A) = \sum\nolimits_{i=1}^n \Omega(w_i)^i(\square e_A),$$

$$P_1(A) = \sum\nolimits_{i=1}^n \Omega(w_i)^i(\diamondsuit e|_A),$$

$$m(A) = \sum\nolimits_{i=1}^n \Omega(w_i)^i[(\square e_A \wedge (\bigwedge\nolimits_{x \in A} \diamondsuit e_{\{x\}})],$$

$$Q(A) = \sum\nolimits_{i=1}^n \Omega(w_i)^i(\bigwedge\nolimits_{x \in A} \diamondsuit e_{\{x\}}),$$

式中：Bel，P_1，m 和 Q 分别指 Dempster-Shafer 理论的信念函数、可信性函数、基本概率分配和共性函数。在事件中，Dempster-Shafer 理论的基本概率分配 m，引发焦点元素的嵌套族，获得一个具体的信念函数，称为必然性测量，伴随着对应的具体的可行性函数，称为概率测量。概率理论是基于两个具体的测量，并对应于模态系统展示出模型的可行性关系 R 形式。[2] 创立者还表明对于命题性理论，模态逻辑解释的完备性。

3.3.4 总结

语境模型、模态逻辑和模糊概念分析之间的关系在本书中得到了解释。

———————

[1] HARMANEC D, KLIR R, RESCONI G. On modal logic interpretation of Demspter-Shafer theory of evidence [J]. International Journal of Intelligent Systems, 1994, 9: 941-951.

[2] HARMANEC D, KLIR R, WANG Z. Modal logic interpretation of Demspter-Shafer theory: an infinite case [J]. International Journal of Approximate Reasoning, 1996, 14: 81-93.

正如用最模糊集合－基的应用解释朱静的两个重要的问题。第一个问题是在一个给定的特殊应用中如何有效地构造模糊集合的从属函数。这个已经被许多著名的模糊学者研究，包括 Tursen、Pedrycz、Klir 等等。第二个问题是如何适当地运用模糊集合的关联词。正如从模糊集合的实践运用所看到的，对于积极的语义相容性的语言谓词模型的模糊集合，例如个子高和非常高，小－大规则是更准确的。另外，当语言谓词属于不同话语论域，例如个子高和高度输入值，之间不存在语义的相容性约束，为表明这个自主性，运用积－和规则是适当的。这样，如果语境模型提供了形式化模糊概念的语义解释，它给出在实践运用中的 t－基准的适当运用的连接词的理论确证，诸如小－大和积－和规则。进一步地，本书也建立起一个语境模型中的模糊概念的赋值。

4 量子拓扑与量子逻辑和实在的
跨语境追踪的表征

2016 年诺贝尔物理学奖颁给了这三位科学家：David J. Thouless、F. Duncan M. Haldane、J. Michael Kosterlitz。这三位诺奖获得者的贡献是把拓扑学运用于凝聚态物理。其中 Thouless 用拓扑学解释了整数量子霍尔效应，相关的方法被扩展到其他问题上，发现了很多奇特并且可能有极大应用前景的物理现象。在量子霍尔效应中，霍尔电阻精确等于普朗克常数除以电子电荷的平方，准确到几十亿分之一。这个极其精确的电阻数字与样本大小、磁场大小、样本形状、样本的属性都没有关系，样本粗糙、有一定的杂质时，效果甚至更好。这个颠扑不破的惊人精确度与实验条件的随意性困扰了物理学家们相当长时间。Thouless 用拓扑不变性从理论上解释了这个问题。

碱水面包和面包圈有个基本的区别，一个有 2 个孔，另一个只有 1 个孔。这两个东西无论怎么变形（但不能撕裂），其孔的数量（用字母 g 表示）是不变的。这在数学里叫作拓扑不变量。[①] 莱昂哈德·欧拉（Leonhard Euler）在很久以前发现，任意一个多面体的顶点数量 V、边的数量 E、面

---

① 薛玉梅. 欧拉定理及多面体欧拉公式［J］. 山西师范大学学报（自然科学版），2009，12（23）：6-8.

的数量 F 有如下关系：$V-E+F=2$。比如一个立方体，有 8 个顶点 $V=8$、12 条边、6 个面，套用公式：8-12+6=2。其他的多面体，都满足这个关系。一个球面可以看成有 2 个顶点、1 条边、1 个面，2-1+1=2 。如果是有 $g=1$ 个孔的，那么 $V-E+F=2-2g=2-2×1=0$。V，F，E 分别是多少，可以自己去数。无论怎么变形，这个数字只取决于孔的数量。比如，可以把六角环变成一个圆环的玉镯形状（torus），1 个顶点，2 条边，1 个面，1-2+1=0。如果在操场上围着一个圆心跑一圈再回到出发点，转了 360°；但如果不是跑圆形，而是通过一条弯路，最后回到出发点，那么不管怎么绕的，绕一圈就是 360°，绕两圈总共是 720°。① 无论走的路有多弯曲，只要把走的路分成很多很多的小段，然后把每一段绕圆心变化的角度加起来，其结果肯定是 360° 的整数倍，即 $2×360°$、$3×360°$、$4×360°$……这个倍数，就是转圈的数量。路径变形（但保持圆心在路径内），这个圈数不变。这个圈数是一个拓扑不变量。

类似地，围绕一个球心的球面角度是 4π。如果把球面变形，这个角度也是这个数字。对于有 g 个孔的情况，高斯有个普遍公式，对于一个光滑而且没有边界的面，曲率乘以面积的积分等于 4π 乘以 $1-g$：

$$\int_M K\mathrm{d}A=4\pi（1-g）。$$

对于半径为 r 的球面，没有孔（$g=0$），曲率等于 $1/r^2$，面积为 $4\pi r^2$，很容易验证结果正确。如果是圆环，有一个孔，结果是 0——圆环内侧的曲率是负值，结果跟外侧的抵消了。这个公式左边是几何曲率的积分，右边却是一个拓扑属性，不管怎么变形，右边都是固定的。这就把整体的几何属性跟拓扑结构联系起来了。

4.1 量子场论的数学统一：量子拓扑

拓扑可以解释物理学中某些基本而又困难的问题。在这基础上，可以

① 薛玉梅. 欧拉定理及多面体欧拉公式 [J]. 山西师范大学学报（自然科学版），2009，12（23）：6-8.

推进到"量子化"的概念。电荷总是电子电荷的整数倍，从未发现过 0.12 个电荷之类的。这个电荷的整数特性被称为电荷的量子化。为了解释这一点，Dirac 假设存在磁单极子，然后考虑电荷绕圈，那么从角动量的量子化就可以推导出电荷的量子化。[①] 磁单极子和电荷量子化的解释是一个明显的事实。对于一个与某些参数相关的量子系统，如果这些参数沿着某个路径缓慢变化，但最终回到开始的值，这个量子系统会回到原来的状态。但是量子波函数可能出现一个相角的变化。如果计算这个角度的总变化，是一个环路积分。

可以证明，这个相位的变化与路径有关，但与动态过程无关，是一种"几何"性质。我们知道，环路积分可以跟环内的面积分对应（斯托克斯定理）。如果考虑反向路径的积分，那么应该跟外围的面积分对应。反转与顺转的结果应该抵消，但是相角的总变化可以是 2π 的整数倍。因此，整个面积分应该是 2π 的整数倍。相关的复数理论之前已经被陈省身发展出来，这个整数叫作陈数（Chern number）。

Thouless 正是利用了这样的数学解释了量子霍尔效应。他从线性响应出发推导出霍尔电导的方程，并证明了霍尔电导只与 K 空间的拓扑属性有关，这被称为 TKNN 不变量。也就说明了为什么量子霍尔电导的精确度是如此坚实、可靠，不受干扰。

也许用半经典的模型更好理解。磁场垂直向纸内，由于电子带负电，根据右手法则，从左向右运动的电子会受到向下的力，从右向左运动的电子会受到向上的力。在磁场足够强时，中间的电子会做顺时针的圆周运动，不参与导电，这叫拓扑绝缘体。在下边的边缘处，电子向右运动半个圈就会遇到边缘势垒反弹回来；但由于磁场的存在，反弹的电子即使是遇到障碍，也不会从左边出去，而是顺时针绕回去继续向右前进。类似地，边缘处的电子只能向左运动，无法反弹转向。这就把向左运动与向右运动的通

---

① FREYTES H, RONDE C D, Domenech G. Semilattices global valuations in the topos approach to quantum mechanics [J]. Soft Computing, 2017.

道隔离了。由于两个边缘的距离远大于中间圆轨道的半径，一个在下面向右运动的电子要跑到上面转向成向左的概率极小，因此上下两个通道的电子输运完全是没有反射的，或者说传输效率为100%。在一维量子输运中，知道理想情况的电导是 e^2/h（Landauer 公式）。这个情况跟一维理想的弹道输运非常类似，只是这里电压是加在垂直于电流的方向，导致的是霍尔电导 Ix/Vy。

由此可见，量子霍尔效应中磁场的作用是把左右两个边缘通道从空间上分开。如果没有磁场，但能把左右运动的两个通道完全分开，也应该有类似的量子霍尔效应。这种直观的模型似乎更加容易解释相关的物理现象。

量子化与拓扑的研究还是很新的领域，量子化与拓扑之间的关系还有很多没有解决。

4.2 意识的量子拓扑表征

本书从量子场论、脑神经科学、逻辑学和计算机科学的数学统一模型的开创性理论——量子拓扑计算的建立表现出范畴论（CT）的强大性。其哲学意义是，动态耗散系统的数据分析模型应用范畴论方法建立，属于代数拓扑的最前沿和最新成就，表明现代基础理论研究的综合统一的可能性和现实性。其哲学意义在于：充分利用语境思维将实在的动态过程性的定性和定量分析的实现，建立了对实在的统一性哲学的可能性和现实性。

伴随着量子场论的"余代数拓扑计算"对于动态的高能粒子物质过程的数学形式化框架的确立，以"耗散脑"活体细胞的信息框架同时也运用"余代数拓扑"作为数学形式框架形成——"自然计算"以"量子拓扑计算"作为最一般性的计算形式逐渐建立起来。在这些突破性的物质结构和脑结构的数学模型统一之路的历史研究过程中，发现语境思维的哲学与对动态的系统刻画始终是理论科学研究的根本方法，为在理论科学和科学哲学的大统一中始终开拓了最为有前途的路径。本书结构如下。

首先，介绍拓扑量子计算理论。根据原始的 Umezawa 的热场动力学

（thermal field theory，TFT），QFT 框架被解释为热场理论，形成一个可能的数据计算途径。这个的建立是基于系统使用 "$q-$ 变形的霍普夫余代数" 模型化耗散量子系统，其中 q 是一个热参量，关联于 Bogoliubov 变换。[①]$q-$ 变形在量子程序中，需要正规性，即考虑全域（闭合的）系统——环境背景，允许恰当的完备的共轭变量集合，用于正则量子程序。这样的 "闭合" 系统的好的定义过程利用其环境中全域拓扑特征可能进入的形式中的内含物，解释长程——关联动力学发生于系统——环境相互作用。发展出更为一般性的形式观点表明，全域的和定域的拓扑的相互作用和含义，其中拓扑场理论足够用于解决在多体物理学、生物学和神经科学中关键的和增长着的相关性数据问题。

余代数表征了系统的态和它的热浴的态，这些不能按照基本的基处理，并且不能互相更换。因此引入了双对自由度（DDF），基于希尔伯特空间态的双对，包括系统态和热浴态。这个打开了一个通往拓扑 QFT 对量子动力学的模型化的方法，用于处理近平衡和远离平衡的系统。通往拓扑 QFT 的方法是热场理论的建立。目前为止建立于凝聚态物理和基本粒子物理学中熟知的自发对称破缺机制（spontaneous breakingdown of symmetry，SSB）关联于戈德斯通定理、戈德斯通玻色子凝聚（Goldstone et al.，1962）和 Nambu–Goldstone（NG）长程关联模式或者 NG 量子。这些允许 QFT 中无限多的正则对易关系（canonical commutation relation，CCR）的幺正不等价表征的存在（系统态的幺正不等价希尔伯特空间）（Blasone et al.，2011）。DDF 允许使用最小自由能函数和测量作为态的选择方面一个本质的动力学工具，承认一个希尔伯特空间正交基的动力学的计算。同时引入了量子真空（QV）或者基态叶理（foliation）的时间的概念，作为一个硬性的 "构造" 的和 "记忆" 的原则，被用于自然地产生未来更为复杂的系统。在理论物理和计算机理论科学中，综合研究范畴论的角色提供量子物理学、

① ISHAM C J, BUTTERFIELD J. A topos perspective on the Kochen–Specker theorem: II. Conceptual Aspects, and Classical Analogues [J]. International Journal of Theoretical Physics, 1999, 38（3）: 827–859.

拓扑和量子计算之间的链接。

其次，介绍"耗散脑"的十一维拓扑代数数学。"内心深处的信念"用计算机科学的术语——在活体脑中，被解释为"耗散脑"，即"纠缠"于它的环境（热浴）通过 DDF 形式，QFT 中的 QV 叶理已经成功地被用于解决定理学的和长时记忆的能力的问题。神经生理学研究证明，一方面对于 QFT 代数结构的分析的确证解释了作为生物系统，脑功能活动的某些方面的形式化的描述以及关于远离平衡的系统。另一方面，它们也表明 DDF 基于在 QFT 中的开放系统的余代数模型可以在计算机科学中，是一个有效的可能的关于问题的解，所谓的"深度学习"，兴起于"大数据"模型以及更广泛地处理有效计算（无限）"流"（例如，网络流）被刻画为连续变化的数据之间的"隐"高阶关联。这样，DDF 形式可以赋予一个拓扑量子计算系统一个动力学的（自动化）维度上的重置，对系统的表征空间（自由度）"将其动力地锁定"在未来变化的流的自由度上（被解释为系统热浴），通过使用最小自由能函数作为一个真理评估函数。表明，全域或者定域的 q- 代数范畴的相互作用和核心角色。[①] 全域拓扑的特征发挥了关键的角色，定域特征表明它们的关联在处理无限数据流中。这表明关于相互作用，在不同的观点和语境中，在规范理论的全域和定域不变性之间，关于长程关联模型（NG 玻色子）模式有着后续的形式，同时定域规范变换中的规范场展示了它们作为大质量的激发（Anderson-Higgs-Kibble 机制）。

再次，介绍余代数和模态逻辑对于动态系统过程刻画。

最后，介绍语境思维下的量子场论余代数对于"广义的一般性计算模型——拓扑量子计算"的建立，以及其引发的实在论的哲学统一的现实性。

4.2.1　QFT 中的拓扑量子计算

多体物理学的统计力学方法中，拓扑量子计算（QC）的可能性在拓扑 QFT 的框架中（Freedman et al.，2002）依赖于运用拓扑序化的可能性基于非 –

---

① JANSON N B, MARSDEN C J. Dynamical system with plastic self-organized velocity field as an alternative conceptual model of a cognitive system ［J］.Scientific Reports, 2017, 7: 17007.

可交换（non-commutative）积，对于计算是本质的东西，它运用非阿贝尔代数。在接近 0 温度，物质的量子态被拓扑序化刻画，即通过长程量子纠缠形式，其展示了宏观层次上的强的现象关于基态的简并（degeneracy），例如，1D 超导性。2D 拓扑序化关联于去构造缺陷–包容（fault-tolerant）量子计算机的理论可能性，即所谓的"分数的量子霍尔态"。这些是互相作用的，被既不是费米子也不是玻色子的激发态的物质的拓扑态展示出来。

1. 任意子理论

准–粒子散布于连续的费米–狄拉克和玻色–爱因斯坦统计之间的会遵守一个非阿贝尔编织统计，即所谓的非阿贝尔任意子。量子逻辑门被运用"通过编织"准–粒子波，之后测量多–准–粒子态。这个构造的缺陷–包容依赖于非–定域准–粒子态的解码，这样使得它免于因为定域波动发生错误（Nayak et al., 2008）。数学上，斐波纳契结果的理论导出通过拓扑量子计算系统的递归处理，展示了"斐波纳契任意子模型"或者"戈登机器"的一般性。所有的对于非阿贝尔量子计算工艺的兴趣最初来自这个。然而，贝尔实验通过使用三个量子霍尔干涉计（interferometer）在大约 0K 下于砷化（arsenide）镓（gallium）中已经有效地观测或者测量到非阿贝尔任意子，（Willett et al., 2013；von Keyserlingk et al., 2015）。

2. 量子凝聚态物理的拓扑计算——C*–代数

QFT 解释的更深层的问题是是否拓扑序化是稳定在远大于 0K，或者说，是否长程关联的形式发生在远离平衡的动力学系统中并被集中赋予不同的态。拓扑序化对于每个不同态必须用某种方法延伸到这种系统的热浴。对于 QFT 模型化耗散凝聚态物质系统（例如化学的和生物的系统）以及构造系统执行动力学的量子计算，解决这个问题是关键的。研究表明，通过严格地在这些系统运用"语义的量子比特"，耗散系统的 QFT 的余代数解释可以产生斐波纳契计算。此类型的 QFT 完成了模型化所有的一般量子计算。基于统计力学之间的不同，基于 TFD 和传统的量子热动力学系统更好地解释热 QFT，展示了近期基于传统方法在热 QFT 理论中的结论。

近来，通往非平衡量子热理论上的拓扑方法已经被形式化地获得——模型的独立，在二维共形场论的框架中，热系统在近平衡情形。根据这个框架，两个无限热容器（reservoir）初始在不同温度和不同化学势，非平衡非同构量子系统可以在 SM 中模型化，然后相互作用，在边界通过一个缺陷的边线，通过一个能量流从一个容器到另一个容器。出于简单性，在没有化学势的情形中，整个系统演化到一个定域非平衡稳态，满足在无限极限下统计力学的 KMS 情形，可以被表征为共形 QFT 通过运用两个网格的冯·诺依曼代数定义在闵可夫斯基时空 M。

非平衡稳态仅仅被容器的温度所决定，而且通过相边界自然传输。冯·诺依曼和 C*- 代数的绝对的对易特征一起解释了为什么拓扑量子计算在这个基础上需要"外来的"物质的相用于补充拓扑非对易序。最后，开放的问题依旧是在量子热动力学中是否在一般的协变形式中，必须在相同基础上考虑所有的态，或者根据某些最大的熵原理可以从态中去挑选。

3.QFT 中的 $q-$ 变形霍普夫余代数——QFT 中的自由度的双重性和 C*- 代数的 Gelfand–Naimark–Segal 构造

（1）QFT 中的自由度的双重性

引进 QFT 代数结构的传统方法包含了赋予经典算子或者反算子关系各自给玻色子和费米子。然而，具体化哪个用于描述了原始观察量（例如能量、角动量等），可以看到，这样的一个描述不属于理论的代数结构。结果是 QFT 中的基本代数出发是一个双代数，即霍普夫代数。[①]因此，看到"双重自由度"（DDF）运用在霍普夫投射中。$A \rightarrow A \times A$ 的出现自然而然地作为 QFT 代数结构的需求被建立了起来。当两个系统处于不同的理论中，例如，热场理论，或者当在开放的一般系统中，被研究的系统和它的热浴或者环境是不可交换的。在这些情形中，恰当的工具被提供通过 $q-$ 变形

---

① ISAM C J, BUTTERFIELD J. Topos perspective on the Cochen–Specker Theorem: I Quantum states as Generalised Valuations [J]. International Journals of physics, 2002, 37（11）: 2669–2733.

霍普夫代数运用非对易余积，形变参量 q 可能依赖于温度、衰变常数等。DDF 的 QFT 形式已经被介绍并运用在很多 TFD 形式的多体系统中。

Bogoliubov 变换揭示了 QFT 主要的特征，即无限多幺正性的不等价性的存在，以及物理的不等价性，拥有 q（θ）态空间的叶理。斯通 – 冯·诺依曼公理在 QM 中所有的 CCR 的表征是幺正等价性。在 QFT 中每个表征描绘了一个具体的系统的相。相变换发生在不同的相中物理的移动，例如铁磁和非铁磁相，超导的和常规的（非超导的）相等。通过恢复黑体 K，真空被这些终极算子湮灭。纠缠的形式在无限的体积极限中。算子 G_k 是哈密顿函数系统的部分，即时间演化算子。因此对于每个时间 t，获得一个算子代数的量子实现，可以被 GNS- 构造应用在 C*- 代数形式中，意味着自同构的定义是基于武断的纠缠的算子。动力学的代数确实给出全域的双重连续性直和。总之，连续性和纠缠性因此是变形的，霍普夫余代数的动力学结果包含了无限多的 su（1，1）子 – 代数（Witt-Virasoro），代数非线性地在 su（1，1）代数中实现；因此，这个也关联着 Chu 空间结构，其也是 Aczel 的 NWF 的集合所依赖的，可以看到所有的幺正不等价表征的集合 { $|0(\theta)\rangle_N, \forall \theta$ } 是一个 Kählerian 丛，一个几何类型迹在这样的丛中是一个经典的混沌迹。

（2）双重形式和 C*- 代数的 Gelfand–Naimark–Segal 构造

QFT 的 q- 变形霍普夫代数结构紧密连接着 C*- 代数形式。这个建立起来以一个清晰的形式链接着不同的斯通拓扑，C*- 代数的拓扑和 DDF 在 QFT 框架中。统计力学中 Haag-Hugenholtz-Winnik（HHW）在吉布斯态的热动力学的平衡上给出

$$\omega\,(O) \equiv \frac{Tr\,(\mathrm{e}^{-\beta H}O)}{Tr\,(\mathrm{e}^{-\beta H})} = \langle O \rangle\,,$$

并被特征化运用：① KMS（Kubo–Martin–Schwinger）条件指出对于被研究的系统的任意的两个算子 O 和 P，属于算子 C*- 代数，存在一个函数 $F_{OP}(z)$，z 是一个复杂数，纯态 0<lmz< 贝塔，连续态 0<=l mz<= 贝塔，满足关系

$$F_{OP}\,(t) = \omega\,(O\alpha_t(P))\,,\ F_{OP}\,(t+i\beta) = \omega\,(\alpha_t(P)O)\,,$$

式中，$\alpha_t(P) = e^{-iHt}Pe^{-iHt}$，$t \in R$。

②$\omega(O^+O) = 0$ 对于 $O \in \mu \rightarrow O=0$，$\mu$ 是系统算子代数。注意吉布斯态是一个混合态，不是一个纯态。KMS 条件可以被记为 $\langle OP(t) \rangle = \langle P(t-i\beta)O \rangle$。

在 TFD 和吉布斯态之间建立的关键的关系被注意到，对于任意的算子 O，符合 $\langle 0(\theta)|O0(\theta)\rangle = \langle O \rangle = \omega(O)$。获得第一个等式是在 TFD 构造中的起点。在构造 TFD 和 HHW 形式之间的关系中（以及 Tomita-Takesaki 形式），模共轭算子 J 和模算子 $\exp(-\beta \bar{H})$ 发挥着核心的作用，双重形式可以被运用通过 GNS 构造用统计力学的 C*– 代数形式。

（3）Bogoliubov 变形和 q– 变形霍普夫余代数

存在一个更为 QFT 意义的特征和其本质的代数霍普夫结构，其关联于余代数逻辑和计算机科学图景：波浪线模式提供了本质的动力学的（余代数）指称（语义学的）用于非波浪线模型。空间和其算子的余代数结构的双重性，导致了每个算子和波浪形副本之间严格的对应（双重算子），以至于二者之一提供了对另外一个的陈述。结果是"参照术语"的自一致性的动力学的结论在逻辑框架中。一种语境自嵌入或者动力学的意义的生成，一个"定域的"，非"绝对的"，但是关键的有意义的真，通过 CCRs 的无限多的表征从无限多的可能性中被挑选出来。因此强调了 QFT 的自一致性构造，通过它对于 A（或者 $\tilde{A}$）的陈述或者指称模式是本质的，不是从问题或者任意性的后果的外延中附加上的。指称的本质特征最终追踪到 G_k，从一方面讲，代数很好地被定义为一种（三种）$SU(1,1)$ 发生算子，从另一个方面讲，是一个哈密顿函数的术语。

（4）在 QFT 的 q– 变形霍普夫余代数中的量子比特的语义值

正如已经看到的，QFT 的开放系统的 DDF 形式提供了态的希尔伯特空间的叶理的可能性，即无限多不等价表征的，即系统的巨量记忆能力。初步观察，这个可能表现为模型化的缺陷。事实上并不是如此，因此表达框架也允许自由能极值的动力学的过程，导致定域自由能极小值，然后运算作为一个耗散系统的"动力学的"（"余代数"）语义学的"真值评估函数"。

这样的一个双重的程序的进一步的特征作为一个计算性的工具因此发挥了一个相关的角色，根据其自身，可能构造一个主要的动机用于介绍双重自由度。当处理确定温度的 QFT，一个重要的任务是计算相关观察量的热平均值。这要求对轨迹的计算。在一般的和统计物理学中，当处理矩阵元的时候引入作为外在的计算工具（对于算子代数），其本质等于"顺手地"被矩阵对角元捡起来并进行加和。

4.2.2 "耗散脑"的热 QFT 系统的余代数模型化的拓扑的形式化

1. 通往热 QFT 的计算解释——量子真空作为"无限态黑箱机器"

证据表明余代数模型化的热 QFT 可以自然地产生斐波那契数列，促使 解释它为一个广义的量子计算结构，在"广义余代数"的框架中作为系统的一般理论，解释为"标记的态转变系统"。另一方面，热 QFT 的 DDF 原则的计算意义可以被充分地欣赏，当考虑 $q-$ 变形霍普夫余代数和代数，构造在热 QFT 中两个双重等价范畴，用于相同函子 T 的逆应用，即 Bogoliubov 变换。

这个双重等价，去除了主要的障碍用于在量子计算中完整的余代数语义学的应用，缺少逆变张量在这些构造中，但是也允许运用在热 QFT 到"无限态黑箱机器"的余代数构造上。这意味着非－不重要的具体化（"态"被关注是尽量多的 QV 耗散的"相一致性领域"），包括一个量子的开放系统和热浴。基于一个认知神经科学包括的，热 QFT 的理论生物学的结论，容易去想象。[①]

在计算系统的余代数中，系统转变态（STS）是一个抽象的机器，包括（有限／无限）态的集合，以及（有限／无限）变换集合，其可能被标识或者未标识，标识选自一个集合（Rutten，2000；Venema，2007）。有

---

① ISAM C J, BUTTERFIELD J. Topos perspective on the Cochen-Specker Theorem: I Quantum states as Generalised Valuations [J]. International Journals of physics, 2002, 37 (11): 2669-2733.

限 STS 区别了一个具体的初始态，具体的终态集合。形式上，STS 是一个对子（S，→），其中 S 是态的一个集合，[（→）$\subseteq S \times S$] 是一个 S 上的双边的转变关系。进一步，一个标识的 STS（LTS）是一个三重（S，$\wedge$，→），其中 $\wedge$ 是标识的一个集合，并且 [（→）$\subseteq S \times \wedge \times S$] 为三元关系标识变换。[①]

在计算机科学中，一个标识广义，对应于一个程序，因此一个程序的给定的自然的解释作为布尔代数，它可能解释其语义学，作为定义在（抽象）机器的态上其中的程序被运用，作为对应的余代数，有着明显的优势使得这种语义学可以被运用在无限集合的泛函程序上，诸如流。

为了清楚明了关于黑箱机器在计算机科学中和热 QFT 的概念之间的关系，重提幺正不等价表征 {|0（θ）〉$\forall \theta$} 是有用的，量子真空（QV）|0（θ）〉在它们之间是不同的，因为不同的连贯的简并的 NG 模式的内容，指向作为"长程量子纠缠模式"。转变（相转变）通过 QV（通过各自的希尔伯特空间），被 Bogoliubov 转换的发生算子 G_k 引发。在之前的构造 M 中，G_k 对应于转变结构 γ。这个发生子通过使用序参量值 N– 集合 $\equiv$ {N_{AK}（θ），N_{AK}（θ）=N_{AK}（θ），$\forall k$} 产生了唯一的 QV|0（θ）〉$_N$ 的标识。集合 N 对应于在 M 构造中的所有的 {Idx} 的 T 集合标识唯一的 QV 的 q（θ）– 耗散，通过给 Bogoliubov 转变插入所有的量子数 k 和作用于逆的函子 T 上获得。这意味着 T 上的 CCR 的所有无穷表征集合使得自身形成一个系统用于函子 $T \times T$，即所谓的构造的"对角函子"。

通过丛 {|0(θ)〉;$\forall \theta$} 轨迹可以被描述，作为经典混沌轨迹，在 {|0(θ)〉;$\forall \theta$} 表征空间中这些轨迹表现为微观动力学规律支配下的 QV 简并的量子层次上的改变的宏观（经典的）展示，因而对于"经典遮蔽"（classical blanket）的观察者而言是隐形的。在这样的一个形式中，一个开放的问题是是否正在给出一个可能的有效的费曼式的实现对于 QM

①　BASTI G，CAPOLIPO A，VITIELLO G. Quantum field theory and coalgebraic logic in theoretical computer science [J]. Progress in Biophysics and Molecular Biology, 2017, 130: 39–52.

的路径计分的计算过程的模仿（mimicing），其最大的可能的路径属于不可观察路径的一个束。

因此，看到黑箱机器的 QFT 结构已经在"转变结构 γ"中建立起来。可以说在函子 T 的行为下，双重等价在 q- 变形的霍普夫余代数范畴和代数之间被建立起来。唯一的转变结构刻画的 q- 变形霍普夫余代数的范畴以及它们的"镜像的"代数，通过对函子 T 的逆运用。

2."耗散脑"生化反应的数学模型

通过数据分析计算和联系案例表明，迭代的矩阵的代数运用产生斐波那契数列，这个过程拥有动力学表征用哈密顿函数。分形 – 类自相似系统和斐波那契数列之间的关系，在语言上的（Piattelli-Palmarini et al., 2016）和脑功能自同构和自相似分形结构之间是已知的[①]。

QV 耗散在 QFT 已经成功运用于解释动力学的长程记忆的能力的问题（深度学习），在活体脑中，解释为"耗散脑"纠缠于它们的环境，在这个解释中发现了它的理论确证。[②]

耗散量子系统在远离平衡态的时候的模型，对于生物科学也具有明显的重要意义。事实上神经科学的应用所激发，例如脑记忆能力已经被模型化，耗散脑的动态信息处理过程是基于活体细胞的生物化学反应过程的研究得到的。从一定巨量的生物化学反应数据给出一些预设，并给出数学的形式框架，这是不同于传统的计算理论的，这种计算理论只关注于系统动态的化学反应中的基本的几个特征化量。

大脑从信息构造知识以及如何描绘一般的 Carnot cycle 的过程的一般图像展现在系统基态的玻色 – 爱因斯坦凝聚中。[③] 认为能量的极致密度可以解

---

① CAPOLUPO A，FREEMAN W J，VITIELLO G . The Dissipative Many-Body Model and Phase Transitions in Brain Nonlinear Dynamics［M］. Springer Netherlands，2015.

② WAN KH，DAHLSTEN O，KRISTJANSSON H，et al. Quantum generalisation of feed forward neural networks［J］. Quantum Information，2017，3：36.

③ FREEMAN W J，QUIAN QUIROGA R. Imaging Brain Function with EEG［M］. Springer, New York，2013.

释记忆中被刺激引发的鲜活性、丰富性以及关联性和记忆的情感的激烈程度。

神经生理学数据表明，极端复杂的神经关联形式网格在大脑不同区域之间被语境化刺激时，关联性对于观测者而言是以并存的形式存在的。[①]物理上不同的幅值调制（amplitude modulated，AM）和相调制（phase modulated，PM 形式（波包，wave packets）被归属于语境下的刺激的范畴。可以用量子矩阵形式表示。[②] 建立在 AM 类型上的集合作为不可逆的后承是如此迅速以至于它类似于电影摄像术形式。大脑表现为一个多体系统。因此可以用多体物理学的场概念。大脑的量子耗散系统与环境一直保持着联系。[③] 这个耗散模型可以使用关联于幺正不等价基态的量子场论中的被环境引发的自发破缺对称模型描述每个 AM 形式。这个形式的快速后承效应关联于耗散所意味的非幺正时间演化。

基于对称破缺和耗散，解释神经系统的空间延展"相"振动的快速效应的观察的动力形式。[④] 使得可以研究大脑非瞬时相过程中的知觉的瞬时非同构形式。大脑以高于十－级数能量速率在任意的其他器官中耗散新陈代谢的能量（称为脑黑能量，brain dark energy）。微观序解释了宏观序的神秘，脉冲云和其被储存起来的宏观序和树状流刺激控制场表明，在相转变过程中 ephapsis 可能发挥关键的作用（ephapsis：神经行为的定域的化学的或者电场的传递，而不是依靠神经突触 synapses）。

3. 余代数和模态逻辑

（1）余代数

余代数在当下已成为国际逻辑学界研究的热点之一。其基本理论建立

---

①　BASTI G, CAPOLUPO A, VITIELLO G. Quantum Field Theory and Coalgebraic Logic in Theoretical Computer Science [J]. Progress in Biophysics and Molecular Biology, 2017, 130: 39-52.

②　FREEMAN W J, QUIAN QUIROGA R. Imaging Brain Function with EEG [M]. Springer, New York, 2013.

③　BEGGS J. Editorial: Can There Be a Physics of the Brain? [J]. Physical Review Letters, 2015, 114 (22): 220001.

④　FREEMAN W J, QUIAN QUIROGA R. Imaging Brain Function with EEG [M]. Springer, New York, 2013.

于范畴论基础上，范畴论是关于对象和对象之间的箭头的理论，它是比集合论更加抽象、更加具有一般性的理论，因此余代数也就成为非常抽象的数学结构。从广义上说，余代数处理基于状态的动态系统，比如理论计算机科学中的转换系统、模态逻辑的模型和框架等等，它是基于状态的动态系统的抽象模型。余代数起源在非良基集合论研究中，提供了一种处理模态逻辑语义的抽象模型，因此具有十分广泛的应用。

"余代数"这个术语与"代数"相对应。一个代数结构是由给定的集合和该集合上的一些运算组成的，最熟悉的是自然数的加法、乘法等运算，还有数学中的各种抽象代数结构，比如群、环、域等等。更一般的代数结构是抽象代数中的格、序、（加算子的）布尔代数。代数结构的特点是在某个集合上进行某种代数运算的结果仍然在该集合中，即该集合在这种代数运算下是封闭的。

余代数则不同，它以范畴论为基础，在一个范畴中，对象和箭头的转换（运算）所得到的结果往往超出原来的对象本身。余代数处理基于状态的动态系统，比如理论计算机科学、数学和逻辑中的各种结构都可以表示为余代数。余代数是基于状态的动态系统的抽象模型。最早研究余代数的逻辑学家是阿采尔 [①]（P. Aczel，1988），他把加标转换系统和非良基集合（non-well founded set）表示为余代数结构。莫斯和巴维斯（Barwise & Moss，1996）详细讨论了与非良基集合有关的循环现象，莫斯（Moss，1999）提出了"余代数逻辑"。

一个动态系统是由内部结构和外部环境组成的。内部结构是系统本身的运行机制，外部环境则在系统运行时与之相互交流。系统有自身的特点。

首先，系统与计算算法不同，正确的算法要求在输入信息之后必须在有穷步骤之内停止而输出结果；系统则是持续运行的，它假定不断运行下去而没有终结。

---

① ISAM C J, BUTTERFIELD J. Topos perspective on the Cochen-Specker Theorem：I Quantum states as Generalised Valuations［J］. International Journals of physics，2002，37（11）：2669-2733.

比如。社会经济体系就是一个系统，生产、分配、交换、消费等现象在良好的经济系统中都被假定是连续不断地运行着的。此外，一台计算机也可被看作一个系统，计算机与人之间的互动过程就是一个系统与外部环境交流的过程。

其次，一个系统与环境之间的交流渠道称为"接口"。系统外部环境中的观察者，只有通过"接口"才能观察到系统的行为。比如人与计算机之间的交流，通过输入一些信息，使用者观察到一些系统输出的信息，从而继续进行交流。再比如，图书馆的借书系统也是如此，读者通过系统的借阅规则借出图书和归还图书，通过借还书的接口，读者观察到整个系统的行为。要描述一个动态系统，首先要给出一个状态集合和在状态之间进行转换的运算，转换运算用于描述在每个状态上进行转换之后得到的结果。

（2）余代数模态逻辑

模态逻辑在计算机科学及相关领域有着广泛的应用，比如描述逻辑（知识表示的逻辑）、混合逻辑以及其他各种不同的形式系统，包括概率分布系统、移动网络、新语义网络等等。此外，模态逻辑还在多主体系统、博弈、经济主体的概率信息等领域中有许多应用，比如道义逻辑，即在关于权利和义务的哲学研究中，用于研究多个主体之间的契约问题。在博弈过程中，主体的策略选择涉及它关于对手信息的认知，还涉及一些概率猜测、时间、信念、偏好等等问题，而模态逻辑为这些问题的研究提供了很好的研究工具。经过多年的研究发现，这些模态模型和语义背后有一种共同的因素，即可以把模型看作动态系统，这些动态系统就是余代数。

从余代数的角度看模态逻辑的框架和模型：第一，框架（模型）上的运算或构造在余代数中都有相应的运算或构造；第二，等式逻辑是代数的逻辑，模态逻辑则成为余代数的逻辑，与代数的变种一样，也可以得到余代数的余变种。[①] 这些结果表明，余代数与模态逻辑的联系十分密切，而

---

① FREYTES H, DOMENECH G, RONDE C D. Physical Properties as Modal Operators in the

且也适合作为研究模态逻辑的工具。

对于幂集函子的余代数来说，余代数同态的概念相当于框架之间有界态射的概念。模态逻辑中有许多有用的模型构造，比如不相交并、生成子结构、有界态射、互模拟等等，都可以在余代数中定义相应的一般性概念，不相交并相当于余代数的和，生成子结构相当于子代数，有界态射就是前面讲到的余代数同态，互模拟也就是前面讲过的行为等价的概念。对于模态逻辑的理论研究来说，可以定义一个重要概念：余代数变种。这个概念与代数中的变种概念相对应。一个代数变种是一个在取代数同态象、子代数和代数乘积下封闭的代数类。给定一个代数类 K，包含 K 的最小代数类称为由 K 生成的变种。在泛代数中有这样一个结果：由 K 生成的代数变种等于对 K 依次取乘积、子代数、同态象得到的代数类。对于余代数来说有同样的结果。一个余代数类 T 称为一个余代数变种，如果它在取余代数同态象、余代数和，以及子余代数下封闭。[①] 令 Covar（T）表示包含余代数类 T 的最小余代数变种。那么可以证明任何 Covar（T）等于对 T 依次取余代数和、子余代数和余代数同态象而得到的余代数类。在泛代数中，一个重要的可定义性定理就是 Birkhoff 定理：一个代数类是等式可定义的，当且仅当它是代数变种。对于余代数来说，如何定义余等式逻辑从而刻画余代数变种，还是一个没有完全解决的问题。此外，关于余代数模态逻辑的证明系统、模型论等等尚存在大量问题需要研究。

对模态逻辑的余代数研究是近年来兴起的方法。由于模态逻辑的广泛应用，余代数也有广泛的应用领域。余代数理论为研究动态系统上的不变性提供了一种新工具，它对于处理比如（加标）转换系统的计算等价性质起到了十分重要的作用。关于模态逻辑研究，余代数理论是研究模态模型论的一般方法，模态逻辑的框架和模型的构造在余代数中均有定义，这为研究模态逻辑提供了更有力的工具。原则上，任何这样的系统都可以使用

Topos Approach to Quantum Mechanics［J］. Foundations of Physics，2014，44（12）：1357-1368.

① 史璟. 余代数与模态逻辑系［J］. 西南大学学报（社会科学版），2011（7）：87-93.

余代数作为抽象的数学模型，从余代数理论能够直接得出这些系统的一些性质，比如由互模拟得到行为等价。

4. "自然计算"——量子场论的"量子拓扑"计算和"耗散脑"计算上的哲学统一

如果模态逻辑是描述余代数的性质和使用余代数推理的逻辑，那么怎样的模态逻辑适用全体余代数的类，这一点还不清楚。然而，量子场论的余代数形式建立的黑箱机器的 QFT 结构突破了这个难题。

（1）语境实在与跨界追踪的可能性

从模态逻辑到模糊逻辑的转换。在耗散脑和量子拓扑的代数计算上，"相转换"成为关键词，模型依赖的强语境性特征表现在语境的测量对系统输入的能量和信息的作用。经验模型可以被延伸至所有的测量集合中，只要可以给出一些隐变量模型。测量的不可兼容性是本质原因，在非定域的语境行为中，这些需要好的关键测度量的确定。

当真实世界包含着事件的一个大数和连续的数值，人们拥有了从具体事件中得到它们的抽象概念的知识。人类推理的基本元素是句子，一般包含着模糊概念。模糊概念的数学模型的首次引入是被 Zadeh 运用隶属性的部分维度的概念，联系着对人类知识的自动地表征和运算。因为数学的基础以及成功运用的模糊集合理论已经被建立起来。然而，涉及模糊集合的语义学，目前存在一个要素隶属度的解释缺乏一致性。Dubois 和 Prade 对于从属函数已经揭示了三个主要的语义学，其中的每个语义学成为某种类型的应用的基础。正如这个，模糊集合 - 基运用变得可行，仅仅当构造相关模糊集合的从属函数的方法被在应用语境中充分地给出。在模糊数据分析的框架中，Gebhart 和 Kruse 引进了语境模型作为不完美数据的表征、解释和分析的方法。这个来自观察的方法的短期的动机是源自不完美数据，是因为情境，其中不能具体化对象的起源性基本特征的元组，出于所获得的不完美信息。定义为 <D；C；AC（D）> 的语境模型三元组（Triple），其中 D 是非空域（universe of discourse），C 是非空的语境有限集合，而集

合 $Ac(D)$ ={$a|a$: $C \to 2D$} 被称为与 C 相关的 D 的所有模糊特征的集合。令 $a \in Ac(D)$，a 是矛盾的（分别是一致的）当且仅当存在 $c \in C$，$a(c)$ $\neq 0$，所有 $\cap c \in Ca(c) \neq \varnothing$）。对于 a_1，$a_2 \in Ac(D)$，如果对于任意 $c \in C$，$a_1(c) \subseteq a_2(c)$ 则 a_1 比 a_2 更具体。模糊集合被引入作为对自然语言中的模糊概念的数学建模。明显地，模糊集合建模的有用性在语言标注依赖于从属函数的适当性。因此，对任何具体情境的精确性和正当性函数的实践的决定性是主要焦点。

动态系统的拓扑刻画的现实性。热 QFT 中的耗散量子系统的余代数模型化的两个主要的结果：①可能性，通过确定量子系统的动力学的希尔伯特空间的正交的基的 DDF 原理；② 有限温度 QFT 中的给定观察量的热平均的踪迹计算的矩阵对角元的动力学的确定的关联的可能性。[①] 同时，这个矩阵元的双重性，避免了狄拉克 δ 函数。观察量作用其上的态被整数表征，因此有了一个 Kronecher δ，而不是一个狄拉克 δ 函数。一般余代数提供了合适的形式框架，用它可以确证两个主要的结果展示了基于热 QFT 系统拓扑量子计算的可能性：① 量子比特在热 QFT 系统中的语义值，因为态的双重性允许作为一个评估函数对于相关的量子布尔算子去解释自由能最小值的测量；② 证据表明矩阵的迭代运算关联着这个语义的量子比特产生一个斐波那契数列，其在系统的哈密顿函数中拥有动力学表征。这样就给出了集合性的和图式理论条件，独立于希尔伯特空间。

以范畴论代替集合论作为更基础的数学基础的形式框架的建立，无论如何这个解释打开了通往一个基于通常的物质的相拓扑量子计算，出于完备性考虑，Abramsky 的重大结论依赖于模型化余代数在 P. Aczel "非良基集合"（Aczel, 1988），即一个集合理论其中的 ZF（Zermelo-Fraenkel）"公理"集合理论不成立，那么不存在结合 "全部序化的"（total ordering）。事实上，因为 Aczel 的 "反 - 基础公理"，自函（self-inclusion）集合是可能的，那么 "无约束的集合内含物链条" 是允许的。那么 NWF 集合对于余

---

① FLORI C. Topos of Presheaves [M]. Springer Berlin Heidelberg, 2013.

代数的模型化在无限流方面是必然的。事实上，在 NWF 集合理论中强大的"终极余代数定理"（final coalgebraic theorem）是成立的（Aczel et al.，1989）。通过 NWF 集合理论，可以确证余代数的定义：（a）上约束的（upper bounded）余内含（coinduction），作为集合定义和证据的方法，以及对于内含的（induction）更低约束的（lower bounded）代数定义的二重性；（b）互模拟（bisimulation）（以及观测等价）作为同余的代数定义（congruence）。

　　通过这个方式，Abramsky 的构造可以被解读为在初始代数（拥有最小固定点）二重等价，以及一个终极余代数（拥有一个最后的固定点）。这样可以定制出上和下（upper and lower）有界布尔代数算子，并且解决了余代数的一个千年（Millennial）（自从欧多克斯的"穷尽方法"的展示）问题：一个任意逻辑的和数学的构造，即缺乏"一个最小的上有界"的任何归纳的构造，通过递归性，对于更高阶的逻辑和数学去指无穷的定义变得必要（像柏拉图的"圆"作为欧多克斯构造的存在的必须的极限）。用一个 Abramsky 式的语言，必须被考虑的是，既不是"确定的"，也不是"不确定的"概念，而是可确定的那些倾向于"确定序列的二重极限/余极限"。①

　　动态语境嵌入式的历史性和实践性。可以看到，在美国圣菲研究所为代表的实践调查数据分析的自然界、社会系统和脑系统的复杂性和随机性研究的飞速推进过程中，齐头并进的还有物理的量子场论的数学算法和纯代数数学领域的以余代数为代表的范畴论，以及模糊模态逻辑和语境哲学，它们已经站在眼前，凸显出一幅大统一的景观。

　　这幅语境图景中的要素之间的关系大致如下：

测量语境	充分条件	输入或者缺陷或者刺激
相转换	转变结构	物质的动态变化 好的参数
模糊模态逻辑		语义的动态生成的可能性
量子拓扑计算	余代数	形式同构和自组织分形的计算模型
耗散脑	量子真空作为"无限态黑箱机器"	语用模型

---

①　FLORI C. Topos of Presheaves［M］. Springer Berlin Heidelberg, 2013.

　　理论模型背后的哲学观点是根本的。将实验和理论割裂开的观念被立足于整体观下的实验和理论之间的检验关系取代之后，发现理论建构的动态的语境模式。可以理解为将注意力从有关初始局域激发和相互作用的假设世界，转移到物理的可观测世界的视角。这种建构是一种基于专家的技能性知识，具有自觉的无理性特征。

　　① 展示了理论的经验内容。它们建立起一个更为明白的程序去推出经验的预言，提供了数学上更为乐观的方法去进行计算，并且他们的概念和物理结构更清晰。理论和经验之间的沟壑被架构起来。经验内容的描述以及在经验内容和理论内容之间的本质关系上做出了重要的贡献。方法并未决定理论原则的哪个组合更适合。理论家们致力于模型构造。目标是为了找到数学上严格的技巧的类似。关注于理论的经验结构而非理论的内容。

　　② 存在理论层次与经验层次相分离的方面，理论属于某些类型的现象，视为一般性意义上的案例。一般意义上的理论内容可以被阐释清楚。一个例子必须被具体化以便获得经验的预言。事实既可以在一般性的层次上也可以在具体层次上研究，解释为什么是可能的去构造进步在没有获得任何具体动力系统预言情况下形式化其理论内容。尽管它们有着长期的结果，在这个主题的内在发展上，在对科学理论的基础的理解上的变化并没有形式化的对科学实践和理论家们的理论概念产生巨大的影响。这是因为矛盾的基本图式并不是与现有的科学实践相冲突，并且大部分沉默的科学家们将依赖于他们的经验而非从一个基础问题的新的理解图景去推出他们的理论。但是，正如试图去澄清，决定依靠选择一个基本的图式，要求某些专门的技能而非科学经验——尤其是，在概念分析上的才能，主要通过逻辑的和哲学的研究，以及哲学史的和科学哲学的——以及从科学史的研究获得的历史洞见。基于案例分析，理论形成和选择过程蕴含着各种非证据类因素，是理论的过程性、经验证据的动态性和认知主体的语境性互动。在不断的去语境和再语境的动态发展中，逐渐成熟。它是对语境实在的当下"言说"。

4.3　量子场论和量子场逻辑

4.3.1　拓扑斯与量子逻辑

这部分实际阐述的是量子力学的拓扑斯理论方法（又称量子力学）。

拓扑斯是拓扑概念的推广。这是一种为工作着的宇宙学家而存在的逻辑。这种逻辑学承认：探究世界是由世界之中的观察者进行的，他们只能通过环顾四周，从所能观测到的范围，获得这个世界的有限或部分的信息。他们对观察结果的陈述，不仅有"正确"或"错误"之分，也可贴上"现在无法分辨是否正确，但未来或许能够知道"之类的标签。这个宇宙学家的逻辑学在本质上是与观察者有关的，因为它承认世界上的每个观察者只能看见这个世界的不同部分。数学家完全独立于宇宙学研究来探讨这种逻辑学，并在不同的研究阶段赋予它不同的名称。在第一种版本中，它被称为"直观逻辑"，而在最近的更加复杂的版本中则被总括为"拓扑斯（topos）理论"。最早由亚历山大·格罗滕迪克（Grothendieck）于 1957 年发现，从而他可以表述他的格罗滕迪克 – 黎曼 – 罗赫定理。它的名字取自德文"Klasse"，意为"分类"。格罗腾迪格需要在代数簇 X 的层上工作。不是直接在处理层，他给出了两个构造。首先，他利用直和运算将层的交换幺半群转换成一个群 $K(X)$，通过层的分类形式和以及形式加法逆（这是得到给定函子左伴随的明确方法）。在第二个构造中，他强加以与层扩张一致的额外关系，得到一个现在记作 $G(X)$ 的群。这两个构造都被称为格罗腾迪克群；$K(X)$ 具有上同调表现，而 $G(X)$ 有同调表现。如果 X 是一个光滑簇，两个群是相同的。在拓扑学中，我们对向量丛有类似的和构造。迈克尔·阿蒂亚（Sir Michael Francis Atiyah）与弗里德里希·希策布鲁赫（Friedrich Hirzebruch）在 1959 年使用格罗腾迪格群构造来定义拓扑空间 X 的 $K(X)$，（两个构造一致）。这是在代数拓扑中发现的第一个奇异上同调理论的基础。它在指标定理的第二证明中起了巨大的作用。此外，这种途径导向了 C*– 代数的非交换 K– 理论。在 1955 年，让 – 皮埃尔·塞尔（Jean-Pierre Serre）用具有投射模向量丛的类似物来表述塞尔猜想（Serre's conjecture），该猜想声称一个域上多项式环上的投射模是自由模；这个论断是正确的，但20年后才解决（斯旺定理是这个类比的另一方面）。1959年，塞尔给出了环的格罗腾迪克群构造，用它来证明投射模是稳定自由的。这个应用是代数K-理论之开端。

拓扑斯学与量子逻辑程序的起源相同。[①] 伯克霍夫（George David Birkhoff）和冯·诺依曼（John von Neumann）感觉古典逻辑不恰当，对于量子理论需要用别的东西代替。他们提出的量子逻辑是：在放弃分配性方面过于激进（使解释问题成为问题），逻辑运算是和，分别作为连接和析取。因此，最好有一个正好相反的量子逻辑，具有分配的，但是弱化排中律。它们的性质由准物理决定。将它们引入布尔代数和相关的理由。量子逻辑不同于玻尔：所有的公共语言和普通逻辑的偏离都是通过保留来完全避免的。"现象"一词仅供不可混淆的信息，参考"计量"一词在其意义上的标准化。目标是从逻辑思想中，即从偏序集导出。在幺 C*-代数 A 的所有幺交换 C*-子代数中，包含排序。可以认为这个偏序作为玻尔的概念。互补性是因为每个 $C \in C$（A）代表一些经典的或实验的。语境除了包含关系之外，与其他语言并涉及实验。量子拓扑学适应量子力学，它的整个阶段必须是这一需求很好地体现在 Grothendieck 给出的替换。塞勒德恩斯坦创造了拓扑斯理论（虽然从未目睹它在量子理论中的应用）（Grothendieck，1986）。拓扑斯理论取代了作为经典数学阶段的集合论，数学和物理学通过每个拓扑斯在其中提供一个"宇宙的话语"。

与集合论的一个主要区别是大多数拓扑中的逻辑是分形主义。首先定义"量子力学"拓扑斯 $T(a)$，它将充当其余部分的数学；取决于某些给定的（Untial）C*-代数 A 仅通过偏序集 $C(a)$。然后定义 C*-代数内部。对于任何拓扑对象 T，其中自然数和因此合理数可以定义，然后应用

① LANDSMAN K. Topos theory and quantum logic［M］. Springer International Publishing, 2017.

于 $T = T(A)$ 的概念，以便定义一个内部 C*- 代数 A，结果是对易的。建设性地计算了内部的 Gelfand 谱。关于 A，$A=\text{Mn}(C)$，导出了量子力学的直觉逻辑。（克里普克）语义学将这些计算推广到任意（Unitic）。C*-代数 A，在推论中达到顶点。对于 Koji–Spkes 定理（它提供了最初的动机），对于量子拓扑学，以及在本体论中的尝试称为 "Daseinisation"。拓扑斯中的 C*- 代数设是一个幺 C*- 代数（集），具有所有幺正交换的相关偏序集，$C(A)$ C*- 子代数是一个包含的有序子。$C(A)$ 为 A 的范畴 category。对于任意偏序集 x，有范畴 $[X,\ 集合]$ 的同构 Sh (X)，在 x 赋有 Alxand 拓扑结构的情况下，可以交替使用。这种替代的描述将在计算 Gelfand 中非常有用。内对易 C*- 代数 A 的谱将在短时间内被定义。有时在 $T(A)$ 和拓扑斯集合之间切换，强调对象，即，前者的函子 F：$C(A) \to$ 集合。为了进行某种分析 $T(A)$，在许多拓扑中，这是一个棘手的概念，Dedekind 实数由常函子给出。$R0$：$C \to R$，其中 $C \in C(A)$，$C*C(a)$，由函子给出的关联框架 $0(R)$ 0：$C \to 0((\uparrow C) \times R)$。同样，在 $T(A)$ 中，有杂数 C 和它们的框架 $0(C)$。证明在一般的捆拓扑斯 Sh (X) 中，Dedekind 实数对象是捆，带有框架。子对象分类器 T 是一个自然变换的组成部分。表示所讨论函子之间的自然变换集。因为 $C \cdot 1$ 是偏序集 $C(a)$ 的底元素，一个有 $FG(C \cdot 1) = \text{Nat}(G, F)$。导出的一种方法是从一般捆拓扑斯 Sh$(x)$ 开始, 在那里 FG 光纤光栅 $0(U)$ $=\text{Nat}(G|U,\ F|U)$，两者都限于 $0(U)$，即在每个开 V 上定义而不是所有。结合这些观察，F-C 的子函子的集合，特别是，F 本身的子函子集。所有 $C\mu c(a)$ 和 Z1 都是 F1 的限制。如果 $C\omega d$，则集理论映射用一个 MAP 子表示；通过约束 f 到 d 给定子函子给出。

　　使用拓扑斯内部语言或直接对象箭头结构，可以复制集合论中的标准定义，从而定义数学对象"内部"到任何给定的拓扑结构。[①] 一阶直觉逻辑的意义是指"建设性"。作为一个例子，定义 $T(a)$ 中的内部 C*- 代

---

① FLORI, CECILIA. Logic of Propositions in Topos Quantum Theory［M］. 2018.

数（这个可能）。在任何一个至少是自然数的拓扑斯中做得更一般。定义理性 Q 向量空间（R 或 C 上）和（交换）C*- 代数可以通过简单的对象箭头在 $t(a)$ 中定义。集合中常用结构的翻译，即一个对象 A 和箭头；规范和完备性的概念在内部是不容易定义的。因此，人们开始重新解释集合中半范数的概念作为子集。为此在拓扑斯 $T(a)$ 中，把 $n \times a \times q^+$ 解释为次函子 $n \times a \times q^+$。通过 α^- 转换，作为箭头，服从公理：这里 A、B 是 A、P 和 Q 的变量，是 Q 型变量，Z 是变量。C 型中，0 是幺 C*- 代数（a）的零常数。如果半范数关系进一步满足所有 A 和 Q q^+，则 A 称为前半 C*- 代数。要继续到 C*- 代数，当 $q(a, q)n$ 都需要 a=0。Q^+，使 SimeRom 成为一个范数，然后这个赋范空间应该完成。在通常意义上，因为 A 可能没有全局元素映射。实际上全局元素，即单位算子的倍数。在一般意义上，需要柯西序列的推广。拓扑斯理论中全局元素被一般元素替换。用 $n(t)$ 中的自然数对象，A 中的柯西近似是映射。或者，等价地，由 γ- 转换，箭头依次旋转。与 N-A 的子对象 S 相同，因此：$\alpha\,a\,\alpha\,Sn$；这里前三个符号代表一个（n, a），其中 s 是由 α 分类的 $n^* a$ 的上述子对象。其中变量 x：x 是现在 $n(a)$ 类型的对（n, a）。此外，柯西近似收敛到 B：如果收敛的每个柯西近似，称之为完备。[1] 最后，$T(a)$ 中的 C*- 代数（类似于任何具有自然数的拓扑结构）是一个完全半前 C*- 代数，其中半范数是一个范数。此类（内部）C*- 代数的同态和同构可能以通常的方式定义，集合论中的双射被同构替换。只考虑内部 C*- 代数与单位，便可以定义。$T(a)$ 中（交换）幺 C*- 代数的内部范畴 $CA1$（和 $CCA1$）明显的方式（需要保持单元的同态）。

4.3.2　量子拓扑学的基础结构

A 是点态运算下的内部幺交换 C*- 代数。这里 A 是一个普通的幺 C*- 代数，即在集合中定义的。X 是 $C(a)$ 中的一个点，它是 A 的子集。可以

---

[1]　ISHAM C J. Topos Theory and Consistent Histories：The Internal Logic of the Set of all Consistent Sets［J］. International Journal of Theoretical Physics, 1997, 36（4）：785-814.

把 A 描述为 $[C(a)，集]$ 中的重言函子，A 中的点态运算是明显的自然变换。最终由每个交换 C*- 代数中的相应运算定义，例如，加法、乘法等的自然的变换。偏序集 $C(A)$ 被定义为 A 的幺交换 C*- 子代数。最后，将（半）范数 n 作为 $\times r^+$（或 $\times q^+$）的子对象，作为一种自然的转换，组件 $\subset C \times R^+$ 定义为 C 是 C 的标准（当然是从 A 继承的）。证明作为通常的子函子实现的 $N \times A$ 的上述子对象 s 看起来像对于每一个 C，子集 SC。作为序列 $(cn)C$ 的子集通过识别 $(n，c)$，使得无论何时使用克里普克 – 乔亚尔语义展开公理在结尾列出的规则，发现这个公理持有 IFF：$\forall$ $n \in N$，$\exists c \in C$，$\forall D \supset C$，$c \in Dn$，满足上述各子集 $CN \cdot C$ 的非空。用类似的方法分析，公理满足每一个 $\varepsilon > 0$ 柯西序列的任何选择是完全的。假设每个这样的序列收敛 F 每个 C 是完整的。这些 C 是 C 的 C^*- 子代数，这是构造的真。用同样的方法，很容易证明以下推广：让 C 是一个小范畴。关联中的任何内部 C*- 代数预捆拓扑斯由逆变函子 A 给出。层上拓扑上的内部 C*- 代数不是 $T = SH(x)$。被这个定理所覆盖，除了使用某种退化情形，即 $X = C(A)$ 具有 Alxand 拓扑结构。$SH(x)$ 中的内部 C*- 代数对应于连续丛的事实关于 X 上的 C*- 代数（集）。

构造数学中的 Gelfand 谱，依赖于框架的具体构造。可以推广到拓扑斯理论 $[$ 其中一个 Gelfand 谱 $(a)]$。内交换 C*- 代数 A 是一个区域。从一些格子知识开始设 L 为上、下、下的分配格。在 L 中的一个较低的集合是子集。用 $L(L)$ 表示由夹杂排序的 L 的所有低子集的偏序集。格 L 中的理想是 L 中一个较低的集合 i。格 L 中的偏序集的所有理想，由夹杂排序，用 $IDL(L)$ 表示。L 中正则理想的偏序集，由包含而排序，称为 $RIdl(L)$，即偏序集 $D(L)$。$IDL(L)$ 和 $RIdl(L)$ 很容易被看作帧。$IDL(L)$ 可以被正则化，即转化为正则理想 $A(I)$，借助于关于闭映射 Ad：$L(D)d(L)$ 的 $IDL(L)d(L)$ 的限制。从 A 的角度来看，正则映射 $X \times x$ 从 L 到 $IDL(L)$ 是正则映射到映射的。当 $O(x)$ 是某个空间 X 的拓扑时，框架 $O(x)$ 是紧的（正则）。$IFFX$ 是紧的（正则的）空间。此外，X 是紧的，它是紧且正则的，因此交换的 Gelfand 谱 (a) 幺 C*- 代数 A 将是一个紧凑且规则的框架；任何 C*- 代数 A 的自共轭部分 ASA 是部分排序的。

对于有限维 A，得到内 Gelfand 谱与直觉量子逻辑。Gelfand 拓扑 $O(a)$ 的上述描述点。一个幺交换 C*- 代数 A 的谱 $\sigma(a)$ 是它可能是"内化"的。对于任何拓扑结构（具有自然数对象，即可以定义 C*- 代数），首先是内部的。[1]Gelfand 二重性随后推广的关键拓扑理论中（更一般地在建构数学中）。$\Sigma(A)$ 集合理论中的 (a) 需要用相应的框架代替，或者通过相关联的区域，被混淆的由 (a) 表示，不是空间的。某些空间的拓扑结构为区域之间的映射写为 $f: x: y$，它与帧映射在相反方向上被看作一个映射，再次假设没有可能的空间框架的问题。构造 Gelfand 同构，任何可交换 C*- 代数有意义的拓扑图都表示。对于 T 中的每个（内）交换幺 C*- 代数存在一个紧的正则区域 (a)，使得一个具有 Gelfand 同构。此外，区域 $A*(a)$ 是由上同构唯一确定的。其相应的框架在内部都是有意义的。表示（交换）C*- 代数的（内）同构和符号。$C(\Sigma(A), C)$ 代表所有帧映射的对象（对象在任何情况下都是交换的 C*- 代数）。将这种形式主义应用到拓扑结构中的内部 C*- 代数 A 中，得到同构的格中的投影，即 $Mn(c)$ 中的对角投影格。在这个同构下，如果利用希尔伯特空间上投影的通常偏序来装备 (CN)。框架由形式的所有集合组成。由夹杂有序排列意味着在 $PP(CN)$ 与 $PP(CN)$ 的进一步鉴定下开始了 j 作为偏序集的同构，结果是帧的布尔型绘制与常用频谱的连接 n={1, 2, ⋯, cn 的 n} 框架同构下的 CN（即幂集）的离散拓扑描述 Gelfand 变换的自共轭 A，区域映射实现为 CN 时，框架图由希尔伯特空间 CN 上的自伴随算子 A 定义。拓扑结构中的 Gelfand 谱对于特殊情况 $a= Mn(c)$ 在 $L(a)$ 中为格 LA 编写 L；同样，对于任意 A，格函数函子 L 可以在这个意义上计算为"局部"。Let$P(c)$ 是 C 中投影的（布尔）格，考虑函子 $P0(C)=P(C)$；$A= CN$，可以确定 $L0(c)$ 与 $P(C)$，因此用函子识别函子 L。在集合中，L 的一个子集，

---

① HEUNEN C, LANDSMAN N P, SPITTERS B. A Topos for Algebraic Quantum Theory ［J］. Communications in Mathematical Physics, 2009, 291（1）: 63-110.

在拓扑斯中 $T(a)$ 框架 $0(*)$ 是一个子对象，然后 $0(\Sigma)(C)$ 是子 (p, c) 的子集，是函数 p 的子函子集：$C(a)$，定义 Subd $(P \uparrow C) = \{S \in \text{Sub}$ $(P \uparrow C) | \forall D \supset C, \exists x D \in P(D) : S(D) = \downarrow x D\}$。因此，Sud $(P*C)$ 由局部降集的 $p \pi C$ 的子函子 S 组成。然后从 $T(a)$ 中的关系的局部解释 $t(a)$ 中的子对象，通过元素的嵌入，可以方便地嵌入子 $d(p < c)$ 子 $d(p)$。二者都是偏序集，甚至是点对点的框架。投影的通常排序同构。集合中的框架 $0(*)$ 是外部描述的关键。在 $T(a)$ 中的内框架 $0(*)$，因为 $C(a)$ 携带亚历山大罗夫拓扑，这个描述由框架图给出。即使在集合中，原则上 $0(*)$ 只是一个框架的符号，不暗示存在一个基空间，即它的拓扑结构。然而，有这样的空间并且实际上是对真地图 π：逆 $c(a)$ 的逆图像映射。所有的 C 的逻辑运算可以由偏序计算。冯·诺伊曼建议它作为一个新的量子逻辑的候选者。在物理学中，在冯·诺依曼的方法中，每个投影 $E*P(a)$ 定义了一个基本命题，而在玻尔中（经典上下文 C 是关键的）一个初等命题是一对 (C, E)。冯·诺伊曼如果对于每个这样的对内射定义了 0 的一个元素。每个元素 s 是关于这些基本命题的析取，与传统的量子逻辑相比，0 上的逻辑连接项和在物理意义上，因为只涉及局部连词和析取。逻辑上，量子逻辑中没有隐含箭头，属于定义结构和行为良好的逻辑。

4.3.3 "局部引理"和自由格的构造

对象在函子拓扑中是有意义的。问题的一致性是通过等式来定义的。设 $t = (c,$ 集合$)$ 为任意函子拓扑（其中 C 是某类）。任意对象 S 上都有一个自由分配格 LS，可以是局部计算，集上自由分配格的泛性质函数。这一要求来自以下事实，LS（定义局部）具有所需的通用属性（如可以建立）。局部地，来自每个 $(LS) 0(c)$ 的相应性质，因此是唯一的。具有等式给出的关系的 S 具有通用性质，在克里普克规则中在函子拓扑斯中发挥作用。Joaar 语义学，幺 C*– 代数 A，随后被内化到拓扑斯 $T(a)$。格 LA 是（构式）同构的格。由符号 DA、A asa 和关系自由生成。重点是 La 通过映射 $DA[a+]$ 给出作为晶格的生成器，它们起着独立的作用。应用 Gelfand 谱 (a) 的构造性定义，它的拓扑 0（作为一个帧），被视为一个区域。涉及格子 *LA*，在 *t*（*a*）中由 *LA* 表示。

　　D 的 Gelfand 谱在通常意义上，变换是函子的一个自然同构，即 *T*（*a*）中对象的同构。内部区域（*a*）的外部描述（在集合中）*T*（*A*）*T*（*a*）由正则投影给出。注意，*A* 和 *C*（*A*）都是拓扑空间。空间之间的连续映射。拓扑斯内部区域的描述，虽然在集合中定义，是一个映射。在拓扑的不确定区域之间（或等价地，在帧之间），没有 0（*x*）作为帧的形式符号的混淆来自拓扑 *X* 和空间 *X* 的拓扑的符号；在（离散）拓扑之间的同构 *C* 的（有限）Gelfand 谱和 *C*（布尔）投影格。类似地，内部 Gelfand 同构，其在 *t*（*a*）中的真实部分。要理解 *T*（*A*）中的情况，必须区分：*T*（*a*）中的对象定义为指数的子对象的（内）帧映射组成。从框架 0 的内部帧映射的集合中的实数为框架 0（＊），恰好是从 *T*（*a*）内看到的帧映射之间的连接。由 λ－变换给出，即双射对应。函子 0（*R*）与 0（Σ）的全自然变换集，即帧映射。这个集合可以从帧和帧映射的外部描述。框架 0（*R*）↑ *C* 具有外部描述。随之而来的是两类框架映射之间的双射对应关系。所谓的 C*－代数一般的紧空间可以直接定义，也可以由代数定义。*XH* = Σ（*C*（*X*），与遗忘函子的左伴随一致。紧 Hausdorff 空间（和连续映射）的范畴（Σ*A* 紧空间和连续映射）给出同构是通过约束给出的。内部 Gelfand 同构，这是函子 *C*（*a*）－ε 集之间的一个自然同构。由交换型 C*－代数 *C* 的一般 Gelfand 同构。Gelfand 同构因此变成简单地交换交换 C*－子代数的所有同构 *A* 的 *C* 成单层理论结构。*C* = *C*·1 证明了（Σ*A*）*H* 是一个点。包含 Σ*A* 点 Σ（*C*·1）的开集必须全部为 Σ*A*。

　　哲学家海德格尔（Martin Heidegger）把自共轭元素 *A* 变成连续的 δ（*a*），在拓扑斯理论相空间上，其范围是所谓的区间域 *IR*（这是 *R* 的模糊版本）。因此，只有当 *A* 是冯·诺依曼代数时才定义，因此假定符号 *C*（*a*）现在代表 *A* 的阿贝尔冯·诺依曼子代数的偏序集（与 Abelier-C*－ 相反）。*A* 的子代数，需要两个稍微不寻常的概念，第一个概念是所述区间域 *IR*。为了激励它的定义，考虑布劳沃近似实数的嵌套区间，用 *q* 数字 π

可以通过指定序列来描述。[1] 定义为元素的偏序集。R 中的紧致区间 $[a, b]$ 排序通过反向包含（对于较小的间隔）意味着有更多的信息。收敛到的实数的间隔越来越小。偏序集有向极值是简单的。事实上，这些开形成 IR（Scott topology OScott）（IR）O（IR）的基础。这种拓扑结构是迄今为止集合中定义的框架。这个框架容易内化到任何（预）捆拓扑斯，类似于 Dedekind 实数；用外部描述作为正则投影给出的区域和 ASA 的光谱阶数。然而，ASA 上有不同的顺序，使其变成有条件的（或有界的）。完备格，即偏序集 X。

正如在量子中可以预料的那样，$\delta(a)$ 的任何模糊性仅在其自身范围之外是显而易见的。拓扑斯逻辑的构造使人们能够解释命题作为"相空间" ΣA 的开子集。经典物理学中的 $a: X \to R$ 在相位空间 X 上是连续函数，在量子力学中，人们将把 $a \in (p, q)$ 解释为光谱投影，等价于环境希尔伯特空间的对应闭子集。然而，在量子拓扑学设置中，$[[a \in (p, q)]]QT = \delta(a)[a(p, q)]qt = \delta(a)$，$-1(U(p, q)) \in 0(\Sigma A)$。可以将一个 $\in (p, q)$ 解释为内部的开子集。对于拓扑斯 T 中的任何定域 Y，内部开 $0(Y)$ 被定义为 $1 \to 0(Y)$，在 $0(y)$ 中定义为箭头 $1 = 0(y)$，其中通常 1 是终端对象。有 $Y = \Sigma(A)$，并使用构图。自然变换 (p, q) 的组成部分 $(p, q)C(*) = \uparrow C \times U(p, q)$，$\delta(a) - 1: 0(IR) \to 0(\Sigma(A))$ 是定域映射的帧版本 CF。其在 C 的分量，给出了 $(\uparrow C) \times IR$ 的基本开度，具有 $D \supseteq C$，$p < q$，得到了 $\in (p, q)$ 的量子拓扑解释：$[[a \in (p, q)]]QT: 1 \to 0(\Sigma(A))$；$[[a \in (p, q)]]QT = \delta(a)$，$[a(p, q)]qt = \delta(a)$。现在把这个表达式和结构相关的状态结合起来。$\Omega$ $\omega \in S(A)$ 从 $0(\Sigma(A))$ 到 $T(A)$ 中的真对象 Ω 的箭头。这种结构交换上推广状态之间的基本双射对应（幺）C*- 代数 A 及其 Gelfand 谱的 $\Sigma(A)$ 概率测度（a）到非交换情形。

---

① ZAFIRIS E. Quantum Observables Algebras and Abstract Differential Geometry: The Topos-Theoretic Dynamics of Diagrams of Commutative Algebraic Localizations [J]. International Journal of Theoretical Physics, 2007, 46（2）: 319–382.

4.3.4 分形逻辑与量子逻辑的语境构造

本部分阐述意识的量子拓扑运动的分形机制问题。

自然语言的模糊性在于意识过程的逻辑是模糊和复杂的，这种模糊复杂性在于神经元的层次循环嵌套处理信息过程中的交叉性。分形是拓扑的扰动下的产物，量子拓扑的逻辑基础必须添加一个扰动量。每个重正化的分层内部都加上扰动，或者说稳定平衡系统的扰动产生新的稳定系统，稳定系统的逻辑运用拓扑逻辑解释，而分形的突变使用分形逻辑。所以，分形是各种拓扑的边界形成原因，是拓扑的语境和跨语境的逻辑机制。意识和物质的自组织逻辑为传统形式逻辑、多值逻辑、模态逻辑的混合。物质世界分层的分形运动的能量分配的模糊性和自相似性[①]，神经和基因的模糊优化控制机制，数学原理的一致和逻辑一致，以及意识和物质的统一性。

量子力学直觉逻辑倡导者包括卡尔·波普尔（Karl Popper）和 Coecke。量子力学中拓扑斯理论的最早应用可能是阿德尔曼（Rick Adelman）、科内特（Cornet）、杰里米·巴特菲尔德（Jeremy Butterfield）、克里斯特弗·J·伊莎姆（Christopher J Isham）、理查德·汉密尔顿（Richard Hamilton）提出。"Daseinisation"和 Kochen–Specker 定理以及由曼瑟·奥尔森（Mancor Olsen）引入谱阶并被 De 重新发现。Döoring–Isham、Heunen、Landsman、Spitters 开始了整个量子拓扑程序，实际上是由一个拓扑斯理论驱动 Koji–Spkes 定理。设 $C(B(H))$ 是交换冯·诺依曼的偏序集 $B(H)$ 的子代数，由集合理论包含的部分序，看作范畴逆变函子的预捆拓扑斯，定义集合是集合的范畴。光谱预堆是自然所定义的对象上的逆变函子 Σ，关于箭头的映射，也就是 $\Sigma(C \subset D)$ 映射 $\omega \in \Sigma(D)$（它是一个图 $D \to C$）到它对 C 的限制，即 $\omega | C \in \Sigma(C)$。把所有东西映射成单体集合的前阶段。

其本质是用概率代替空间上的概率测量，局域上的测量反过来要求较低的实数 RL，这可能用适当的子集来识别。在集合中，通过 R（在希尔伯特的定义中）来识别较低的 Reals。x_1 具有其上确界 $x = \sup x_1$，但在任

---

① PESCHEL M. Fractal Logics Versus Fuzzy Logics [M]. Physica–Verlag HD, 2000.

意拓扑（承认内部）自然和有理数它们分开。同样，它定义了上层。实数 Ru 作为适当的上子集意味着 $p > q$，在集合中，Ru 可以用希尔伯特 R 来标识。但在许多拓扑中，R_1、Ru 和 Rd 都是不同的。在捆拓扑 $Sh(X)$ 中，Dedekin 实数是由捆给出的。但较低的实数，是由 $(R_1)0: UCL(U, R)$，所有下半连续函数的集合。U 到 R 是局部从上界（类似于 Ru，变数）。在 $T(A)$ 中，函子区域 X 上的概率测度是单调映射。其中 $[0, 1]$，L 是 0 到 1 之间的较低实数的集合（通过替换定义）。在所有的有理数的集合 Q 的 RL 的定义中，任意有向族与测度相比，发现概率测度。定域只在开集上定义（与可测集合相反）；其中包括开集，这种弱化被更强的东西所补偿，比如（不可数）可加性公理。在集合中，如果 X 是一个紧凑的 Hausdorff 空间，甚至在正则概率之间有一个双射对应关系 X 在空间上的测量与定域 X 上的概率测量。这个定义在建构性数学中是有意义的，它可以被内化到 $t(a)$。这样，内部 Gelfand 谱的概率测度对应于以下概念。幺 C*- 代数 A 上的一个准态是一个映射，在 A 中的每个对易的幺 C*- 代数上是线性的。A 上的准态之间有一个双射对应关系。在 Gelfand 谱内的概率测度，证明使用在 $C(A)$ 上给出（Alexandrov）拓扑的事实。$[0, 1]$ 是有界的，局部有界条件是平凡满足的，集合是所有保序函数组成。证明（A）上的任何概率测度都是自然变换。最大阿贝尔 C 从 α 和拓扑上看到，如果 D 不是极大值，εD 是由 C 决定的，所以得到了 $C \times D$ 一个概率。通过限制 C 到 D 来测量 D，或等价地表示状态 D。自然性意味着如果集合内部元素都存在。随后的测量 D 是相同的。这意味着相同的属性对于相应的状态 D，依次表示所有的集合。因此，D 和 C 在 A 上组织成一个单准态。反过来，通过反向运行这个参数，得到一个状态命题对。它不再像普通量子力学那样具有概率性，而是定义了在 $T(A)$ 的内部语言中的命题可能是真的，也可能不是真的。区域拓扑图中的局部 Y 点的外部描述在 $Sh(X)$ 中的子对象分类器是捆 $SH(x)$。在外部，无指针由框架图定义的空间由身份映射给出，因此一个点对应于一个连续的横截面：束。原则上，"和"是按定义定义的。在相反的方向上的帧映射，可以被解释为连续截面。横断面只是手段。关于连续性，通过定义亚历山德罗拓扑，满足由 A 生成的幺 $C*-$ 代数。如果 $B= B$ 和 $[A, B] = 0$，则 $V(A+B) = V(A) +V(B)$，赋值 V 通过一个复杂的线性扩展定义了一个截面。这个截面是连续的，内部谱的无指向性与对比外部频谱 A 的空间性是相互统一的。

4.4 结束语：量子场论的语境实在论构建的哲学意义——跨语境的共享共生实在的整体性和实在的唯一性

实在是语境的。[①]

（1）两条路线从经典物理学到量子场论物理学，沿着数学和物理实验走出两条不断统一的路，这两条路线的变革分别是：

物理模型：点粒子刚性模型—相的量子力学—相生成湮灭关系的量子场—相与相之间的相变和维持的拓扑量子场—量子旋转是物质本性。

数学工具：欧几里得几何—希尔伯特空间—福克空间—代数几何—拓扑序理论—分形理论—变化的物理学中的数学的根本任务。

物理学中的数学描述有限性及物性和各种有限性之间的互相制约，数学中的数学只描述理想化的结构。

随之产生的哲学上的变革是：

物质观：宏观四维时空—多维空间—不同局域空间之间的关联—关联之间的扰动和关联的破坏及演变。

测量观：牛顿机械决定论—量子世界人和对象整体关系主义的测量观—测量的可逆和不可逆的界定—时空物质的共享共生—复杂自组织动态平衡结构。

哲学观：非语境的孤立的绝对主义—语境的边界互动主义—时空的局域性和全域性互动—跨语境的意识物质统一的共享共生性。

从经典到量子理论的形式变化：

经典力学：粒子的位置和动量（相空间中的一点），描述粒子运动状态。

---

① 郭贵春.论语境［J］.哲学研究，1997（4）：46–52.

相中的一点的动力学方程是 $\dfrac{dx}{dt}=\dfrac{\partial H}{\partial p}$，$\dfrac{dp}{dt}=-\dfrac{\partial H}{\partial x}$。

量子力学是对 $\varphi(x,t)$ 整体进行运算。经典力学是对局域的理论，量子力学是对全域的理论。

薛定谔方程：$\dfrac{ih}{2\pi}\dfrac{\partial}{\partial t}\psi(x,t)=H\psi(x,t)$

狄拉克方程：$\dfrac{ih}{2\pi}\dfrac{\partial}{\partial t}\psi(x,t)=\left(\beta mc^2+c\sum_{n=1}^{3}a_np_n\right)\psi(x,t)$。

量子拓扑场的方程施瓦茨类 TQFT 系统的相关函数或配分函数可由度量独立的作用量泛函的路径积分计算出来。例如，在 BF 模型中，时空为二维流形 M，可观察量由 2-形式 F、辅助标量 B 以及它们的导数所构造得到。作用量为

$$S=\int_M BF。$$

时空度量在理论任何地方都没有出现，因此这个理论显然是拓扑不变的。第一个 TQFT 的例子于 1977 年由 A. Schwarz 给出，它的作用量泛函是

$$\int_M A\wedge dA。$$

另一个较为著名的例子是陈 - 西蒙斯理论，可用于计算纽结不变量。一般而言，配分函数取决于度量，但以上两例得证为度量独立。

威滕 TQFT，例如四维的拓扑杨 - 米尔斯理论。虽然其中的作用量泛函包含时空度量 $g_{\alpha\beta}$，但是在拓扑扭曲之后，理论变为度量独立。而系统应力 - 能量张量 T 对度量的独立性则取决于 BRST- 算子是否闭合。遵循着威滕的例子，人们在拓扑弦论中找到了大量其他的例子。西蒙·唐纳森（Simon Donaldson）、沃恩·琼斯（Vaughan Jones）、爱德华·威滕（Edward Witten）和马克西姆·孔采维奇（Maxim Lvovich Kontsevich）都因对拓扑场论方面的研究而获得菲尔兹奖。在拓扑量子场论中，相关函数并不取决于时空的度量。这意味着理论对时空形状的改变不敏感：时空弯曲或收缩时，相关函数并不因此改变。因此，它们是拓扑不变量。20 世纪 70 年代，阿尔伯特·施瓦茨（Albert Schwartz）就研究过一种拓扑量子场论（阿贝尔的

陈－西蒙斯场论）。80 年代末，在迈克尔·阿迪亚（Michael Adia）启发下，研究了三个拓扑量子场论：一个由超对称杨－米尔斯场论扭变得到，用以将唐纳森不变量和弗勒尔（Honfleur）瞬子同调解释为量子物理对象；第二个是非阿贝尔的陈－西蒙斯场论，用以将琼斯多项式及其衍生物解释为量子物理对象；第三个由超对称 Σ 模型扭变得到，用以将格罗莫夫（Gromov）的赝全纯曲线和弗勒尔的拉格朗日同调解释为量子物理对象。1994 年威滕应用弦论学家得到的强弱对偶结果将唐纳森不变量等价为更易计算的塞伯格－威滕不变量。进入 21 世纪，威滕等人又研究了具有更多超对称的杨－米尔斯场论的扭变，并将数学中的几何郎兰兹对偶解释为量子场论中的强弱对偶。威滕等人进一步发现，Σ 模型、陈－西蒙斯场论，以及超对称杨－米尔斯场论之间有千丝万缕的联系，它们都可以包含在弦论或者 M－理论中，在这个大框架之下，琼斯多项式的范畴化——霍万诺夫同调被解释为量子物理对象。

在粒子物理学中常用的、平坦的闵可夫斯基时空中，拓扑场论并不十分有趣。这是由于闵可夫斯基空间可以被收缩成一点，所以其中的 TQFT 只计算出平凡的拓扑不变量。因此，TQFT 通常在黎曼曲面等弯曲的时空上研究。大多数已知的拓扑场论定义在五维的弯曲时空中。

如何去理解拓扑场论呢？举例来说，宇宙中的物质怎么样才能维持稳定？比如陀螺，它自旋不够，还要自旋同时进动；粒子不会是静止的，运动的量子必然是周期性旋转外加类似进动之类的运动；波函数首先是描述周期性的运动，比如打乒乓球，每次拍子捕捉的必然只能是相的瞬间数据，捕捉多了，自然给出周期性的运动特征，波函数只能描述运动，不能描述乒乓球是黄色的还是白色的，其物质成分是什么，也不能描述。测量干预一个周期性运动着的对象，不可能像经典牛顿那样的物理量去表达。比如傅里叶分解的级数序列加和，用时间作纵轴，空间作横轴，时间轴方向看到的几何就是螺旋进动的空间过程，像螺丝一样转动形成的连续的螺线。测量得到的应该是相，相就像月盈月亏一样有周期性，不确定性本身就是它的物理意义，这种不确定性是有限的确定性表达。旋转是物质本性，自旋的量子特性和量子拓扑，磁单子的发现就是此类情形。

旋转是物质的本性。这是量子现象的本质原因，也是波函数要表达的相关系和测量关系。拓扑表达了这种旋转的限制下的集体准粒子状态，物理学走的路，必然是量子场论代替量子力学，量子拓扑场论代替量子场论。

自相似性、分形结构来自旋转，物质结构全部来自旋转，宇宙本性是旋转。其数学表现傅里叶变换就是有理数和无理数来源，是时间轴、空间轴不同切面下的连续性和离散性表现，格子的假设是因为不同系统的旋转占据时空，所以格子假设的物理模型也是物质本性，[①] 它是不同集体宇宙旋转的尺度之间的互相制约的结果。这也是细胞膜是格子的原因之一，势能分布是最优分布机制根源，包囊了细胞内物质和内部物质对膜外的流通。

量子拓扑的本质是旋转。量子拓扑的逻辑结构是旋转的相互制约的结构，物理学是自然界只有变化，没有无这个数学概念，自然界也没有虚数，只有变化前的假设，是一个时间辅助模型。比如 11 维空间如何理解，0 维点的运动变成 1 维线，1 维线滑过的面积是 2 维，2 维划过的空间是 3 维 3 维膨胀或者压缩是 4 维，又膨胀又压缩是 5 维，5 维自旋是 6 维，6 维公转式旋转是 7 维，以此类推，时间反映了这些维度上的共同的运动的不可逆性的差异性和共时性。

维度反映了物质自身的形状的变化，比如气球里面装满水，给气球各种甩动，它会变化出来各种形体。但是物质过程里面有个不可逆性，不可逆的标度就产生了时间概念，时间刻画了各种维度变化的特点，这也是为什么方程式里的时间可逆，自然界中的时间不可逆。方程式中的时间只是人类思想实验模拟，可以把时间轴倒回去播放，可以加速预测未来，思想实验毕竟只是思想模拟，自然界从来都不存在模拟，发生过的就是发生过的。所以，时间机器是不存在的。

---

① BURLAK G. Ising Spins in a Tridimensional Percolating System with Noninteger Fractal Dimension—Real Lattice [J]. Journal of Superconductivity & Novel Magnetism, 2013, 26 (5): 1973–1976.

（2）结构和物性

很长时间以来，在相对论量子力学和 QFT 之间存在概念差别，其中传导的最大值被代数因果结构建立起来不充分地被评价。甚至在现代，相对论为 QM 的术语，而不是 QFT 真实存在。玻尔的量子实在的整体观和爱因斯坦的实在要素的独立存在性的主张之间的冲突。确实，一方面它推动了整体主义的观点到极致，正如各种相关形式实现的极限形式，其中试图通过称为"Murphy 公理"表明，被 Reeh-Schlieder 属性表明，不同真空按照有限数量的单子，在一个具体的模位置中，通过对 LQP 的刻画使用一个强的形式，极化定域算子形式因子之间的分析的交叉的关系。但另一方面也存在分裂性，产生了接近于爱因斯坦的观点。如果用恰当的方式解释爱因斯坦的话，即保护所有可能测量的整体性，在类空分隔实验中，不是在绝对整体性的 EPR 情形中，两种观点之间不存在对抗。

在高能实验室中没有人直接测量到强子的量子场。通过定域场进入理论中的原理形式，它们产生代数观察量的时空索引，量子场依旧隐藏在直接观察中。真正测量的要么是粒子进入或者离开的相互作用过程，要么是热辐射密度，它们的波动作为微波背景辐射。量子场论或者定域观察量代数是因果定域性原理的携带者，但不同于经典相对论场，以大速度传导，自身没有本体论地位。LSZ 散射理论的主要研究者对此发表了非常恰当的总结意见，他们称粒子物理学中的场是"内插的"。一般，会有无限多的内插场，其内插了相同的粒子。但是基于交叉性的使用表明对于定域代数系统反射问题有唯一的解，不需要对其存在做出任何保证。

除了标准的维格纳粒子背景，其与场的关联的通道是 LSA 散射理论，带电（基本）粒子散射理论在全部的截面上存在，以计算组成的形式，没有概念的支撑。这些类 – 粒子客体对应于 QED 中的带电场仅仅作为准无限弦存在，是非定域的。关于引入物理的非定域观察量的必要性的情景降低了将阿贝尔规范理论过渡到杨 – 米尔斯理论的产生。正是等价的内插定域场的内插相同粒子的属性导致了强大的观察属性，例如克莱莫斯 –Kronig 色散（dispersion）关系，基于粒子而 DPI 不能提供。色散关系实验的确证不能选择或者剔除强子相互作用的拉格朗日函数模型，而是对因果定域原理效用的测试。

当研究非惯性参考系中的量子场论（quantum field theory，QFT）或者中心物理研究所图卢兹（Centre Spatiale de Toulouse，CST）时，粒子基本观被打乱了。在 Rindler 世界中不存在时间依赖的 LSZ 散射：尽管全域的和楔形定域 QFT 在同样的希尔伯特空间中存在，全域粒子态携带了关于楔形定域理论的非本质的物理信息。Wald 研究 CST 中的 QFT，提出取消粒子概念，在场的可测量假设下去研究。但可测量性要求稳定性和个体性；量子场是一个转瞬即逝的客体，是无限多的。对于经典场而言，似乎不存在可测量性，以区别携带同样电荷的等价的场的成员。或许存在中间的弱的转瞬即逝的客体，发挥类似于粒子的角色，定义稳定的 $n-$ 重定域中心，在庞加莱群对称不存在或者存在物理意义基于粒子物理学在切空间去讨论庞加莱对称。

对于场缺乏观察的个性特征，通往 QFT 的代数途径将时空索引算子代数放在核心位置。在这个背景中关于定域算子代数的知识的增加通过在定域中的紧化，不是通过在个体算子的属性的测量上精确性的增加。这与散射理论非常吻合，因为进入 / 出去场来自不同算子在同样的代数 $A（O）$ 是相同的时候；它们的不同被吸引到正规化因子中，算子代数的系统被逆散射而不是被个体场确定。尽管没有粒子和散射理论的概念，CST 中的 QFT 的物理世界会更贫乏，但决不避免了实验的可获得的特征。如果没有清晰的关于宇宙的宇宙参照态的本质的理解观点（CST 替代真空），可以研究模型并在宇宙参照态中运用来自宇宙背景辐射的数据比较能量 – 应力张量的期望值的热学特征，对此不需要真空态和粒子态，正如它们遵守庞加莱对称。

粒子（壳上）和场（脱离壳）之间的中间客体，理想地适合于真空极化的研究是形式因子，即括号内和括号外的粒子态之间的定域算子的矩阵元素。真空的特别的矩阵元素是一方面，所有粒子的矩阵元素作为另一方面刻画了定域"爆破"真空 $A\Omega$ 的真空极化，$A \in A（O）$。一般，通过一个具体的壳上分析的连续过程作为交叉性（crossing property）得到来自真空极化构成的形式因子。后者是粒子场关系中最微妙的属性之一，它的包容性超越了时间依赖的散射理论。作为 Unruh 效应，运用了楔形定域代数的 KMS 属性，微妙的点作需要构造的非常特殊的楔形定域算子，被运用于真空产生粒子态上，不需要和真空极化云混合。

作为 QFT 的一个对手，QM 通常被用作模定域化的探索。①然而态的定域化根本上是动力学的概念，其代数版本综合了大部分的动力学。其关键的属性是关于定域代数的单子性。在 QM 中作为全域代数的所有相同类型的玻恩 – 定域子代数，即类型 I$_\infty$——因子 $B（H）$，$H \subset$ Hglob.QM 中的单子在热学极限中仅仅发生在确定的温度。不存在任何教科书强调了这个根本的不同的代数特征，区别于匣的吉布斯态近似值。在 QFT 中作为 Q M 的对立，正是单子结构是常态情形而量子力学类型为 I$_\infty$属性是理想的：后者仅仅被"分裂"。一个定域代数从其因果解体中构造，按照这种方法创造一个模糊的"光晕"，其中的真空极化可以被记为一个确定的值（晕依赖的）导致一个确定的熵（晕依赖的）。因此对于熵的计算的区域不是视界自身，而是光栅围绕定域区域的视界。因此定域熵的发散在变小的光栅极限 $\Delta R \rightarrow 0$ 中并不说明 QG 必须干涉，以便在高能不一致性中拯救 QFT，而是张量因子化的假设，其双部分的纠缠态的预要求，不是正确的；整个代数 $B（H）=A \vee A'$ 不能被记为张量积，即使 A' 是 A 的对易。分裂构造促使张量积情形的出现，但是给序列中引入一个新的参数，分裂大小 ΔR。在运用量子信息理论的 QM 标准 Δ 概念上需要极大的小心，在量子场论各种情形，其纠缠的热学特征是主要的。尤其是讨论黑洞物理学中的信息丢失，似乎被运用，本书没有太多的对场的理论性微妙性的评价。尽管"纠缠"严格地说不能适用于双部分分隔，以清晰的 QFT 的因果边界，纠缠方面的文献不幸地看似不能区分 QM 和 QFT 的情形。当然存在相关的历史问题，其严格意义与数学的事实相冲突。

---

① SCHROET B. Localization and the interface between quantum mechanics, quantum field theory and quantum gravity I [J]. Studies in History and Philosophy of Modern Physics, 2010, 41: 293–308.

维格纳表征理论在模定域背景中，提醒唯一的种类需要类弦的发生协变波函数的是维格纳的无限自旋类型，其经历 60 年后的探险用模定域，最终到达其定域的终点。代数的类弦发生算子代数概念被"不可分解性"类弦定域场 $\phi(x, e)$ 刻画，变得更为严格，无论如何，即其按照类点场的随着 $x+R_+^e$ 而涂抹，不能得出解。这样的代数弦应用于真空态上是可分解成为非简并的庞加莱群表征，否则存在关于无限自旋的表征的要素，态的定域是类点的，尽管代数的客体是不可分解的弦。Buchholz 和 Fredenhagen 背景为纯的质量（massive）的弦提供了空间，作为在 QCD 中对它们所期望的样子，但是因为这些弦仅仅存在相互作用表征中，它们依旧超越了从现存方法去进行控制的能力。也强调了对定域化的背景的扩大，通过模形式提出新的问题而获得，涉及大量的矢量介子，它们的解应该与未来的 LHC[①] 实验的相互作用相关。

定域化是大量子（LQT）的首要原理，事实上正是这个原理，产生了主要的和通常的具体影响和 QFT 中的力学概念研究中的难题，包含指出在什么条件下从定域中推出它们。在现象学遵守拉格朗日函数的量子化设计，例如自发对称破缺、施温格－希格斯屏蔽机制或者对这个目标的追求而来的概念－数学理解的交叉性。甚至最神秘的内对称概念也是定域原理的某种实现模式。DHR[②] 理论表明观察量代数可能的超选择表征及保证群理论将不同的部分连接进"场表征"（作用于其上的是定域观察量代数，作为定点子代数再紧致群下的）在定域观察量结构中被唯一包含。另一方面单子图像表明即使是时空对称也是作为抽象的模定位结果而存在。

（3）代数背景中的 QFT 是时空索引代数网格

用更少的东西去处理难题，得到一个具体的 QFT，仅仅需要在狭义相对论模定位中的一些单子。对于定域量子物理学的背景，这是非常严格对

① LHC，大型强子对撞机是粒子物理科学家为了探索新的粒子，和微观量化粒子的'新物理'机制设备，是一种将质子加速对撞的高能物理设备，英文名简称为 LHC（Large Hadron Collider）。

② DHR，流变仪是一种用于化学、生物学、材料科学领域的物理性能测试仪器，于 2017 年 12 月 11 日启用，英文名简称为 DHR（Discovery Hybrid Rheometer）。

于实在的构成的莱布尼茨的思想的采纳的。孤立的单子在几何上也只是一个点，除了缺乏纯的和混合的态，以及说明允许哪种态，而不是没有属性的一个客体。让人惊奇的是，它甚至不要求代数是单子，按照模内含或者只是模交叉促使因子成为超有限型Ⅲ 1，不存在别的因子代数被引入特殊的模定位中。QFT结构的丰富性仅仅来自这些单子之间的关系；不仅包含量子物质的定域网格，而且包含内部的及时空的对称性。别的等价的刻画QFT的方式按照定域子代数的模数据，从实践的观点看，更有用的是明白庞加莱群作用在发生算子上，在一个固定的楔形区域，确实这个方法是通过某个二维因子化模型的存在被建立起来。

在QM和QFT之间，在模解密中找到了解释。设计表明潜在的QT的关系本质，尤其是固体物理学家大卫·默敏（N David Mermin）的关系QM的观点。难以找到一个数学的背景，作为透明的清晰的如同按照单子的模定位。Mermin表达他的关系的观点，按照以下的清晰性：关系具有物理实在性，无论它们关联的是什么非物理实在的。LQP与此相类比的两难也就是：希尔伯特空间中的关系的模定位具有物理实在性，被定位的基质则不具有实在性。QFT的表征，按照定位的单子，是LQP的特殊形式，即在QM中它没有类比，即Mermin的关系的观点不是在LQP中定位中的特殊情形。其拥有额外的优点，超越隐喻的有难度的数学事实。

态更灵活，即运用除了真空态的不包含全域几何性的模同构。在这个关联中，令人鼓舞的是最近定域协变性思想建立起一个令人满意的表达；在CST背景的QFT中促进模定域化方法的进步。全域纯态的限制对因果的定域子代数 $A（0）$ 导致热的KMS态关联着模哈密顿函数（$A（0）$，$\varOmega$）。模哈密顿函数很少能给出几何性行为（微分同构）。尽管共形QFT之外，不存在紧致定域区域，在闵可夫斯基时空中，导致彻底的几何模论，模同构在定域区域的视界中变得几何化。原因是在视界上的全息图像投影是一个手性理论（横向）。在类时的CST中的对称破坏中，甚至存在时空的延伸，以及其上的态，以至于对它的限制的模群等价于破坏群。

定域引发的热行为的特征之一是其与序数性的关联，即热浴的隔热性。这个问题常常指作为反 Unruh 效应，热浴隔热系统被视为通过将真空限制在延伸的系统上而引起的，即在 Unruh 效应的精神中是可能的手性理论，以及两个系统之间的联络是共形变换，其将标准体量因子投影到对分裂长度的对数中。[①] 尽管在更高的维度中，没有什么联系了两种热行为的严格的论点，存在一个学术性的猜测。远离光线上的手性理论的情况，逆的 Unruh 效应的有效性允许将热浴体量（在此是长度）定律变成对数发散在 $\Delta R \to 0$ 时，热浴和定域引发的熵之间的关系是未知的。对于更高维度的定域熵，分裂属性指出考虑光栅的熵，光栅的厚度是分裂距离 ΔR。一个（不严格）观点表明除了期望的无维度区域因子 $a/(\Delta R)2$，存在类光对数发散。比例常数依赖于全息图像投影的量子物质。

对数修正面积定律的有效性会是非常有趣的，因为它表明一个未预料的普遍性，在单子的渐近近似性上，通过代数 $B(Hi)$ 的张量积结果，在热浴情形中，对于匣的增加 $Hi=H(Vi)$，存在热动力学的极限。然而对于定域化诱导的热行为，它是（内部的或者外部的）$B(Hi)$ 代数的单子 A 的分裂近似的"漏斗极限"。[②] 与光栅的空间性匣类比。匣的体量因子之一必须被对数的长度因子代替，说明事实上方向不是空间的而是类光的。单子不拥有纯的或者密度的矩阵态，其典型的态是唯一的 KMS 态（不是吉布斯态）。根据单子被运用的那个物理语境，参量的变化随着热浴或者定域化语境，被运用的那个，而这个变化可以按照变换定律刻画。ΔR 无关面积定律，正如 Bekenstein 其中的光栅宽度是 R 被普朗克长度代替，与 QFT 随着平方而增加的定域结构不相兼容。在模定域和态的相空间密度之间存在一个紧密的联络。然而 QM 中的相空间密度是有限的，QFT 的是核的。如果将 Bekenstein 面积定律解释为来自未来的引力量子论，QG 没有标准的量子物质，这个理论的代数结构必定是一个非常低的相空间密度，作为例

① SCHROER B. Localization and the interface between quantum mechanics, quantum field theory and quantum gravity I [J]. Studies in History and Philosophy of Modern Physics, 2010, 41: 293-308.

② BUTTERFIELD J, ISHAM C J. A Topos Perspective on the Kochen-Specker Theorem: IV. Interval Valuations [J]. International Journal of Theoretical Physics, 2002, 41 (4): 613-639.

子，一个未知的 QM 或者与轨迹态的一个代数的组合（加和）。另一方面，QFT 的定域化熵在热背景的霍金辐射中是精确的熵的对应，不需要诉诸一个仍未知的 QG。

另一个属于 QG 的属性是事件视界保留了大数世界的全部形象，即全息性不是投影而是同构。正如被提及的在 QFT 中存在的情形是全息性在一个边界上变得同构（viz.AdS-CFT 对应），但是幸运的是这不在视界上发生，这样的视界是空表面的。在后者中，视界上的自由度通常更少是基数的比起在大数的仅仅通过自由度的时空变换对它们的扩张，在空表面之外，回到大数（the bulk）。未来的 QG 全息屏幕会保留所有的知识，具有某些普及性（受欢迎性），但听起来不是非常让人能接受的：难以去批判没有给出论据的观点。

在模的方向上也有相似性，最重要的是几何的模行为是条件的存在（CGMA），其中模对易而不是模群，发挥了重要的发生角色。尽管没有被运用于模型的构造，在澄清关于对称的内破缺或者自发破缺时空对称结构属性中，被证明是非常有用的。对 CST 中的 QFT 和 QG 感兴趣，很自然会思考是否模定位的单子的 QFT 的特征化延伸到闵可夫斯基时空之外。对于最简单的非凡 QFT，即周期的手性理论，著名的是 Moebius 对称承续两个单子的模定位，但是它不能导向更一般的微分同构，不能令 Moebius- 不变性的真空固定。第二个信息来自 Virasoro 代数和态的理论表征，其不是矢量的，在更高的微分同构下保持不变。

对于微分同构几何特征导致去期望与 2 间隔模论联系。表明这样的代数模群的行为类似期望的微分同构的 4 个固定点一样，但这个行为仅仅是几何的，如果被局限在或者两个相反的代数中或者其补集中。因此如果允许矢量 $\Omega \neq \Omega_{vac}$ 随着几何情形发生恰当的变化，会找到模对关联于多 - 间隔代数的，其模群作为微分同构作用在多 - 间隔上，并通过一个模糊的方式作用在圆形的剩余部分上。非常容易看到的是在更高的微分同构下，不存在超越 Moebius 群的全域不变性。但是在一个抽象的单参数群下不变的态，局限于某些子代数中，这些子代数表现为在多 - 间隔上的一个微分同构，并因此作为偏微分几何模情形的候选，可以并确实存在着（并进步着）。远离 QM–QFT 交界的形式进步的问题，而到达概念的最后位置。直到最近的一般的信念是背景无关性和熵面积比例性一起标注出了这个交界。一方面新的定域协变性原理表明定域协变性暗示了在时空区域中 QFT 的整体量子等价，其是等距的。如果忽视对数因子，面积比例性也成立，在 QG 之外，它的行为是特征性的。对数因子一起，熵对应于热浴系统的体积比例的熵，当替换掉线性因子，从空间动量，借助于对数行为，关联于类光方向。

存在代数结构，导向反 – 核子相空间密度；具有 Hagedorn 温度的非物理结果的存在或者任意热态的缺乏，以及关于因果传导的问题。尤其是不发生在因果传导情形中，形式上被拉格朗日函数量子化描述。代数的通往 QFT 的方法，从一开始试图孤立它们，而它们必须去简化这些非物理的属性，必须避免非拉格朗日函数的方法，并理解这些属性，要求必须去排除其异常。作为弦论发生在无限的 QFT 构成中。可以迅速在 AdSn–CFTn–1 对应中得到它们，无质量反德西特空间（AdS）场给出清晰的证明，在共形方面运用被提及的异常（pathology），获得一般性共形场。这些问题的旧的洞见在超对称 $N=4$ 杨 – 米尔斯超引力 AdS 模型中失去主导地位。[①] 这些事实已经保持，不需效用。经典引力背景中量的 Bekenstein 热学解释引发的问题是否能将这个联络转化，即对热背景的合理的一般的几何性的假设的提供，以至于爱因斯坦 – 希尔伯特方程成为热学的一个基本定理的结果。模论已经将热学行为与定域性联系起来，因此热学的基本定律与引力之间的关系不是不能被预测的。

（4）大脑和意识

任何我们说的"物质"，都必然带有能量和状态信息。意识，又是什么特征的状态类信息呢？意识是熵减系统中麦克斯韦妖获取的信息，熵减

---

① ISHAM C J, BUTTERFIELD J . Some Possible Roles for Topos Theory in Quantum Theory and Quantum Gravity [J] . Foundations of Physics, 2000, 30（10）: 1707–1735.

系统能够启动熵减工作，需要信息和能量，这个信息就是意识。详细地说，从最原始的"生命"分析，起到麦克斯韦妖作用的，RNA中有某种量子，与外部光量子感应，从相干到退相干，也可以说塌缩，形成信息，同时伴随能量的获取，RNA就具有了熵减能力，它不仅可以受到光的影响，还可以反过来影响光。可以说，有物质诞生，物质的状态就必然伴随着，信息也产生了。而我们说的意识，是某种具有实现熵减能力的系统，其中麦克斯韦妖获取的信息，就可以定义为意识。人的意识，是以上意识的进化，是海量微观量子综合，是量子塌缩信息流，是进化出长时间纠缠能力的海量量子（记忆），与上述时时相干、退相干量子综合的信息流。人的抽象能力就是时时感应与长期记忆信息的误判，产生的对存储信息误判为真实感应信息，这就是人类观念产生的根源。人类的抽象意识逐渐进化到更复杂的观念体系，抽象符合加结构化体系，形成人类认知，建立了文字、数学等等。意识思想的第一个来源——任何持续有序的运动都会把意识转变成思想，然后这种思想又会推动这种运动持续有序地继续。意识空间场是一种均匀而无序的分布。所以不会显示出来思想，也就没有了思想的作用力。但是如果是一段持续而有序的运动，这种运动就会导致一种势的差别，形成一种定势。也就是把原来意识空间场的无序改变成了有序——思想及思想作用力就开始产生了。假如在这种空间场中还有另外一种空间场。持续有序的运动会导致里面的空间场发生从无到有的序列排列。这在科学上称为遗传。

笛卡儿的"二元论"关于意识与物质的关系问题，在神经与认知科学中逐渐被揭晓答案。意识是自然赋予生物对外界环境变化所产生的应对。环境变化促使生物做出自适应性调整，生物的意识便产生了。自我保护意识首先是生物本能的反应。大脑对世界事物模拟，把它自己的模型也包括在内。模拟能力的演化终于导致了主观意识的产生。"自我意识"并不是一个连续的整体，而是无数个片段的组合，就像电影并不是一个整体的，而是很多个镜头按照顺序不停地出现所表现出来的，"自我意识"是由每时每刻我们的内在和外部世界的觉知连接到一起组成的。连续的、整体的"自我"并不存在，意识是生物电化学反应的外延。①

　　宇宙物质能量代谢通过电化学代谢方式，使得价电子间的电子漂移能让有机物获取能量，地球水盐（水也是盐的一种液体状态）环境为有机物间相互协作，利用光热电能量效应，产生生命体。生命体存在的目的是更有效地获取能量来源，所有生物都是电化学反应的派生物，它们都能有效地利用电化学信号传递信息，产生各种状态的神经网络维系个体与集体间的捕猎行为。这些信息就是意识。不论是情感捕猎还是物质捕猎，都要各种电化学反应的需求反应。意识是一种状态类信息，如果类比的话，比如基因序列，就是一种状态类信息。基因，是高分子物质"信息"和它们之间的序列"信息"的综合。再比如，光量子，它也不仅仅是微观能量的汇聚中心，也带有自旋状态，是两者的综合。

　　① 意识的玻色－爱因斯坦凝聚态。生物组织的细胞壁包含了无数的蛋白质和脂肪分子，它们是电极化的。当一个细胞处于静止状态时，这些双极子相位不同，以杂乱偶然的方式排列。但是当它们受到刺激时，它们便剧烈地振荡或摇动并播散一个微弱的微波信号。Frolich 发现，当流经细胞的能量达到一个临界的水平时，所有细胞壁分子双极子整队并获得相同的相位。它们就像是突然地协同一样一致振荡。这种涌现的量子场是玻色－爱因斯坦凝聚态，具有与任何量子场一样的整体特性。Dana Zohar 指出离子通道在神经元中振荡是量子现象，这种现象产生了 Frolich 所说的那种一致的电场。离子通道（蛋白质分子）排列在个别神经元的膜壁上，它们响应由于刺激而导致的电的波动而开合。它们就像门户一样行动，让钠、钾和其他离子通过。它们的尺度处于量子波动和重叠的效应能发挥作用的范围内。每一个通道当其振荡时产生一个微小的电场。当大量的离子通道（每一个神经元上有 1 千万个）受到刺激协同开合时，整个神经激发或振荡穿过整个神经元产生了大规模的电场。某些神经元像领跑者，当领跑者神经

---

① 道金斯.自私的基因［M］.北京：中信出版社，2012.

元响应一个刺激振荡时，整个神经束与其一起振荡。神经生物学家有这样一个发现，当一个人看一个对象时，大脑皮层的所有神经元与感觉对象一起振荡，不管其脑中的位置在什么地方。玻色－爱因斯坦凝聚态的关键特点是许多协助组成有序系统的部分不仅作为一个整体行为，而且它们变成一个整体。它们的特性融合并重叠，以这样一种方式以至于它们完全丧失了其个体性。这是一种量子力学的特征。这样一种大规模的量子同步性存在于激光、超导体和超流体中，并能够对它们的特殊性质做出解释。只有这种量子相关的凝聚状态才能解释思维程序的不可分割的整体性。脑的属性 P 是非定位性量子的相互关联，或者说玻色－爱因斯坦凝聚态像上述的那样行为。它从各种比特的信息中创造了统一性，将它们引向有意义的整体。千百万每时每刻从感觉器官接收到的感觉资料传送到脑的各种不同分区，并由脑的计算设备加工处理。意识通过 P 获得这种经过加工处理的信息，并创造了一种整体的情景。

② 脑—心和意识的模型。从上面的考虑可以提出一个三层次的脑—心和意识的模型，其中脑像三明治一样夹在身体和意识之间。这里脑—身联系是机械的，从经典科学角度的考虑很容易理解。身体和脑在爱因斯坦的空—时领域中运作，其中非局域性是受禁止的。

脑意识联系由属性 P 建立，后者将脑与非局域性可以运作的量子领域联系起来。意识是量子领域中的可以独立存在的非物质实体。只要涌现出来的量子属性 P 有效，意识在脑中可以保持局域性，正如只要电子的能量与它所处的量子状态相匹配，量子实体的电子可以在原子中保持局域性一样。一旦属性 P 瓦解或者减弱，意识就可以离开脑并获得一种漂浮的存在，就像一个电子如果获得了超额的能量，就离开原子并作为一个自由电子那样开始漂浮的存在。如果属性 P 重新建立，意识能够返回脑中。

③ 一个神经元统治一切。

量子生物网络，无论是神经元还是遗传，都可能具有潜在的、非交换性的量子逻辑。[①]显然，这样的量子逻辑与 n 值逻辑不同。另一方面，如果 Kasiewicz–Moisil 逻辑代数的分布性公理，如 L_1（和 L_6）被移除或被适当地修改用于逻辑结合和否定操作，则可以对其进行修改以产生量子逻辑。此外，根据我们先前报告的结果（Baianu，1977；1987a，b），我们预期量子遗传网络所依据的特定量子逻辑。

量子效应定义了特殊类型的量子逻辑，它们大多数是"模糊的"，因此可能不具有任何尖锐的格子结构。与量子遗传网络中特定的量子逻辑有关。后一种量子逻辑应该仍然保持一种非交换的、非分配的和非结合的格子结构，这种格子结构能够导致相关量子遗传网络的"尖锐"响应，但是仍然受制于海森堡不确定性原理所限定的"有限模糊性"。

在量子理论中这种"尖锐"的响应以特定量子事件发生的确定性——但非交换性——概率被观察到，例如被认为是量子系统的微观遗传网络中的辐射引起的基因突变，神经元网络和遗传网络之间潜在的量子逻辑的这种有趣的二分法很可能是欧文·施罗丁格 (Erwin Schrodinger)、尼古拉斯·拉舍夫斯基（Nicholas Laschewski）和罗伯特·罗森 (Robert Rosen) 的答案的重要部分。

逻辑学在生物学中的第一个成功应用是谓词演算用于动态描述神经网络的活动，随后由若干神经网络理论家开发。另一个与布尔逻辑相关的重要应用是谓词演算，它被应用于关系生物学和有机集理论中更一般的情况。仅仅几年后，一个新颖的、非布尔逻辑的方法来处理完全自我复制问题，补充了罗伯特·罗森自己对量子遗传学的思想和方法。从冯·诺依曼的代数格和逻辑格形式主义的观点出发研究该领域的遗传学，这里提出的 Lukasiewicz–Moisil 逻辑代数对遗传活动的表征与 k 阱只有某些广泛的相似之处。麦卡洛奇（Mc Culloch）和沃尔特·皮茨（Walter Pitts）（1943）的 Non 方法由于基因被认为以多重逐步的方式起作用，以及由于遗传网络

---

①　BAIANU I C, BROWN R, GEORGESCU G, et al. Complex Non-linear Biodynamics in Categories, Higher Dimensional Algebra and ukasiewicz‐Moisil Topos: Transformations of Neuronal, Genetic and Neoplastic Networks［J］. Axiomathes, 2006, 16（1–2）: 65–122.

通过细胞内信号途径与细胞相互作用组学耦合，因此遗传网络产生了重大差异。作为中心 Lukasiewicz–Moisil 逻辑代数中 $n=2$ 的广义描述的一个特例，恢复了通常与基因一起考虑的"全或无"类型的活动。因此，新概念 Lukasiewicz–Moisil Topos 扩展了这样的遗传活动模型的应用范围。

④ 整个基因组，细胞间相互作用，肿瘤转化和形态发生，或进化的过程。从 Lukasiewicz–Moisil 逻辑代数、范畴和拓扑的角度对遗传活动的研究得出结论，使用 n 值逻辑来描述遗传活动揭示了新的代数和转换性质。这与几组实验证据（如遗传网络的适应性、前馈／预测过程和进化生物学的观察）以及简单生物体（如酵母和线虫）的广泛细胞基因组和交互组学数据是一致的。原则上，希望很快在实践中，这种基于分类和拓扑结构的细胞基因组和相互作用体的应用将不限于更简单的生物体，将包括许多更复杂、更高级的生物，如智人。因此，非随机遗传和细胞网络的非线性动力学可以明确地表述出来。

⑤ 它们的高维代数和广义的顶部。Lukasiewicz–Moisil algebraic–logic 框架模型的复杂非线性动力学中的功能，提出了一种 interactomes genomes 和细胞。Lukasiewicz–Moisil algebraic–logic 模型与神经网络、遗传 neoplastic 细胞，以及细胞的信号传导途径是制定条款的非线性动态系统的状态与 N －组件，允许在两个实验室一般化逻辑模型的遗传行为 ES 和神经网络。一个变量的代数方程下一状态函数扩展到 Lukasiewicz–Moisil 顶部带有 n 值 Lukasiewicz–Moisil 代数逻辑子对象分类器的描述，是代表非随机和非线性网络中的活动以及它们的发展变化方法和精神上的癌变。统一理论的有机分子的集合，集合和 Robert Rosen's（m，r）也被认为是在系统中的天然结构的研究方面，organismal 变换生成高维代数 axioms 的一致，从而避免逻辑悖论的存在。量子神经网络，如量子网络和量子遗传算法的基础，也是非交换量子 logics，被认为是在新兴的量子生物学的上下文关联。

⑥ TQT 与 Hilbert Space 的情态与语境。互补的 CLOPEN 子对象正是那些与物理命题相对应的不受量子语境影响的词，即它们在每一个经典观点中都具有相同的意义，并且无论在何种意义上，它们都可以被有意义地断

言，测量上下文。因此，模态操作符采取一个 CLOPEN 子对象到其最佳的非上下文近似。从本质上讲，TQT 中的模态算子可以被认为"语境零化子"，其作用是用最可能的非上下文替代物代替物理命题。[①] 在这一点上，提供关于在传统量子逻辑的正交模块投影格上模算子定义的一些相关结果的快速概述将是有用的。Herman 和 Piziak 对 Hilbert 空间 H 上的投影算子的正模格 $P(H)$ 上的内算子和闭算子的定义问题进行了深入的研究。他们证明了下面的重要结果，让 L 是一个正交模格，然后下列对象都是双射对应：（a）L 上的内算子；（b）L 上的闭包算子；（c）L 上的强蕴涵连接词。强蕴涵是 L 上的格论蕴涵连接词，满足一些直观性质。例如，Sasaki 钩是正交模格上强蕴涵连通的实例。这个定理为在传统量子逻辑中形式化模态概念提出了一个重要问题。具体地说，它告诉我们，形式化量子必要性和可能性的方法和量子逻辑中形式化蕴涵的概念的方法一样多。但是众所周知，关于量子蕴涵连接词的选择，文献中几乎没有一致的意见。因此，在传统量子逻辑的背景下，寻找一个在哲学和技术上适当的模态形式化的问题，似乎只能与选择一个特权蕴涵连接这一根深蒂固且备受争议的问题同时解决。法国物理学家伊夫·勒加尔 (Jean-Yves Le Gall) 在文献中提出，在传统量子逻辑的背景下，选择可能性和必要性的单一形式化的问题在很大程度上被忽略了。然而，近年来，由于德龙德（De donde）、弗雷特斯（Frates）和多梅内特（Domenech）特别将闭包运算符的特定选择确定为物理上和哲学上很重要，因此出现了解决这一问题的重要尝试。特别地，他们选择以下方式在正交模投影格 $P(H)$ 上定义闭包算子。在哲学上，这种选择闭包算子的正当性是通过这样的思想来证明的，即在量子上下文中，模态概念应该用来缓和哲学。关键思想是，Kochen Specker 定理告诉我们，我们不能同时讨论由 $P(H)$ 元素表示的所有命题，但是我们至少能够讨论这些命题是否可能。人们可以同时断言所有可能性的真伪，即可能性允许在

① EVA，BENJAMIN. Modality and Contextuality in Topos Quantum Theory [J]. Studia Logica，2016, 104（6）：1099-1118.

布尔代数中进行解释。希望通过模化关于量子系统的论述，在物理学之前加上前缀，来避免量子情境性。

⑦ *AL* 命题与模态算子。鉴于这种动机，将模态命题形式化为 $P(H)$ 中心的元素是非常自然的，因为中心元素恰恰是与不受语境影响的命题相对应的那些元素，也就是说，它们总是平均的命题，从任何测量上下文中完全断言。现在看来，在希尔伯特空间量子理论中定义模态算符的方法和我们为 TQT 定义的模态算符所给出的方法有着完全相同的哲学解释。在这两种情况下，模态运算符都用来消除其作用的命题的上下文方面。定理告诉我们，在 TQT 中通常不可能以非平凡的方式做到这一点，即 TQT 的物理命题以希尔伯特空间形式主义的命题所不具备的方式固有地是上下文的。但是，鉴于量子情境性概念在 TQT 的哲学动机中的中心地位。TQT 中物理命题的表示明确地利用了测量上下文上的变化，而希尔伯特空间形式主义仅仅将物理命题表示为单独的投影算子，而没有参考变化的经典观点。

4.5　小结

量子拓扑不同于数学上的拓扑学，它是物理的拓扑结构，这种结构反映了物质属性，超越数学的范畴，超越关系的结构。物理实在的本质在于分层结构系统之间存在互相影响和扰动，因而物理实在是在能量信息交互输入输出下的运动的动态平衡结构，这种平衡必须有物质能量不断地维持在结构的周围，才能保证其结构的存在和演化。[1] 物理学的特征在于数学建模的近似性本质，近似的本质是不同系统之间存在关联性、跨界流动性，不同界限之间的区别用重正化方法可以识别标识。[2] 系统之间的能量、信息的流动在于全域最优化和局域最优化的网络互动，局域势和区域势的存在促成物理系统的动态的生成、湮灭，生物界的死亡和新生，优胜劣汰机制，

---

① DORING A. Topos theory and `neo-realist' quantum theory〔J〕. Quantum Field Theory, 2007.

② FLORI C. A First Course in Topos Quantum Theory〔J〕. Lecture Notes in Physics, 2013, 868.

这样局域的经典计算和全域的微观和宇宙计算处于共生共存状态，过去的结构依旧镶嵌于当下，和当下的外围的能量和信息共生在一起互相作用，形成新的结构。热力学的熵的本质是分形算法，在意识的模拟上可以参见麦克斯韦场算法和量子随机性的贝叶斯算法的拓扑结构，这样的计算跨越了经典宏观、微观和宇观，同时也可模拟人类意识活动的脑部神经结构过程。

基于以上，本书提出了语境的共享共生的时空范畴实在论。生物体和人类心灵的关系结构自然地以非交换范畴和高维代数表示。人类和其他有机体通过适应、进化和社会共同进化的提升，被分类地视为进化物种的可变生物类群表示。对有机体发展、进化和人类意识的本地到全域方法的统一主题导致新的关系模式，这些关系模式以生物类群的大肠杆菌的形式在超复杂系统中出现，更一般地说，作为需要定义的局部过程的组成部分，局部 Lie 群胚。在具有"破缺对称性"的高度复杂系统中，这类局部到全局问题的解可以利用代数拓扑学中的广义 Van Kampen 定理，如高同伦 Van Kampen 定理表示。原始有机体结构由最简单的代谢－修复系统预测，通过自催化反应扩展到自我复制。用多值 Lukasiewicz–Moisil 逻辑代数的范畴，研究生物发育和进化过程中遗传网络的内在动态"不对称"，并与（非交换）数量学所得到的结果进行比较，得到人的意识是独特的，应该被看作一个超复杂的、全域性的过程。意识的产生及其存在似乎依赖于一个非常复杂的结构和功能单元，具有不对称的网络拓扑和连接性，即人脑是通过社会共同进化、精心设计的语言/符号交流和"美德"发展起来的。高维非交换过程涉及单独的空间和时间知觉。从层次论和超复杂性角度探讨心理的哲学理论，为认知科学中先前的表象假设和语义模型提供了新的视角。在层次本体论理论的背景下，现实最高层次的预期系统和复杂因果关系解释了在心理学、社会学和生态学中的复杂/纠缠/交织的分支。奇怪吸引子的存在引起了对人类未来和多稳定生物圈的持续存在的关注。在物理学、数学、生命和认知科学中，向非交换的或非阿贝尔的高度复杂的动力学理论进行范式转换，从而在神经科学、心理学以及人类学中实现高维代数。

基因组学、生物信息学和交互作用学。时空的局部不均匀性、离散性和对称破缺性：从局部结构物理学到全域结构物理学，到 20 世纪，涉及连续和均匀的绝对空间和时间的概念，所有物理过程的严格因果（机械的）演化，直到 Ernst Planck（爱因斯坦、海森堡、狄拉克、费曼、韦尔等其他著名物理学家）引入量子——离散性或能量包（能量被认为是一个连续函数）。爱因斯坦的相对论把时空结合成一个"新"实体，即时空概念。在广义相对论（GR）的改进形式中，允许时空中发生由物质的存在引起的不均匀性。因果关系，比牛顿理论更复杂。标准 GR 理论和牛顿力学都可以被认为是阿贝尔理论，尽管前者要求在重力场存在下时空不均匀。非阿贝尔 GR 理论考虑了局部均匀或不均匀时空的两种可能性。[①] 自 1999 年以来，非阿贝尔规范理论的成功在物理学上预测的希格斯玻色子粒子的实验。爱因斯坦的相对论把能量量子或光子概念纳入它们的基本结构中，物质对时空进行修正或扭曲/弯曲的 GR 概念从波恩哈德·黎曼 (Georg Friedrich Bernhard Riemann) 时代被爱因斯坦的 GR 理论引入引力，表示为由物质对时空的扭曲。这种时空畸变保持连续，即使重力场能量——作为所有能量——被允许离散地变化，尽管非常微小的部分——引力量子探测一直没有成功。QT 和 GR 是局部到全局的问题，量子场理论是在重力改变的 GR-时空上进行的。量子对称性不仅在微观物理尺度上出现，而且在某些"特殊"情况下在宏观上也出现，例如接近绝对零度的液体 ^{3}He 和超导体，其中超流体 Cooper 电子对可能具有扩展相干性。解释这种现象需要考虑对称破缺。对称性破坏也被称作"人类意识的可能机制"，这涉及 "全域一致性"——"大脑中的量子一致性"，在室温下的存在——另一方面在比喻为 Hopfield（"自旋玻璃"）网络的神经网络中。因此，量子对称破坏可能接近生理温度，自旋晶格结构被神经元网络形成其功能模式和结构，这些模式和结构具有部分断裂，或者比量子群描述的那些对称性更为一般。这种扩展的对称性通过数学方法确定，或者通过群集来表示，这些群集以前被称作"神经群

---

① BROWN R, GLAZEBROOK J F, BAIANU I C. A Conceptual Construction of Complexity Levels Theory in Spacetime Categorical Ontology: Non-Abelian Algebraic Topology, Many-Valued Logics and Dynamic Systems [J]. Axiomathes, 2007, 17 (3-4): 409-493.

集"。遗传网络也显示出生物类群结构表示的生物物种的扩展对称性。生物群结构可以通过实验验证，至少部分地通过功能基因组学观察和计算机、生物信息学处理。群形结构，以及如何被用于局部到全局过程来构造"全局"解，在非常复杂的（完整）情况下，全局解在等同点之前是唯一的。[①]互补论提供整体的解决方案，"解释""记忆存储"的"神经群集"。互补性定理解释独特的、持久的和有弹性的记忆。局部到全局问题的概念发展在数学中被德国数学家夏尔·埃雷斯曼（Charles Ehresmann）在范畴理论中发展了许多新的主题。比如结构化分类——可微类别、群集和多个类——使用自己的语言和符号与同调理论和代数拓扑学为中心的范畴理论的起源形成对比。

解决局部—全局问题的两种重要方法是滑轮和谱序列——庞加莱 - 对偶，及更复杂的 Dolbeault 关于复杂流形的定理。例如，微分方程和动力系统的理论即使推断一组规则的后果也是一个局部到全局的问题：这些规则在局部应用。挪威数学家布朗（Viggo Brun）关于局部到全局问题的研究源于对基本群的 Seifert–Van Kampen 定理的描述，Crowell 首先给出的，"局部部分"是 U，V 与交点 W 放在一起，结果描述了在开集和连通条件下全局空间 X 的（非 Abelian）基本群，是基本代数拓扑的必要部分。R. Brown 和他的研究小组将 Van Kampen 定理推广到群胚，甚至推广到更高同伦 / 高维的最一般情况——非 Abelian 情况。使用群形结构的局部过程的迭代被视为高度复杂系统的层次建模，按照特定分类结构和比较建模图或类别的函子自然变换描述。

范畴的一个特殊子类是群胚——具有所有态射可逆的小范畴。在描述不同类别的遗传、神经和生物网络的信息中的对易性（态射可逆性或同构性），提供局部到全局属性的描述性机制。对象的集合包括有机体集合的不同属，群胚作用和群胚的某些卷积代数被认为是非对易过程的主要载体。

---

① GUST H, KU KÜHNBERGER, GEIBEL P. Learning Models of Predicate Logical Theories with Neural Networks Based on Topos Theory [M]. Springer Berlin Heidelberg, 2008.

许多类型的细胞系统，例如代表神经网络或生理运动的细胞系统，可以用细胞、链接和输入等等价类来描述，从而导致系统对称群的概念，这种分类的概念涉及等价关系。群观点扩展了这种概念，不仅表示两个元素是等价的，而且表示它们是等价的。这种方法基于信息的交互式认知模块理论投射在巴尔斯全域神经元工作空间。信息论奠基者香农（Claude Elwood Shannon）和美国哲学家德雷斯科（Fred Dretske）的理论结合在免疫学 / 语言和网络分析 / 群集中描述与从统计物理学导出的热力学原理的基本同源性。[①] 存在超复杂系统（有机体 / 生物系统）和高度复杂的过程，这些过程通过打破分子 / 量子水平的动态对称性出现和进化，但不能还原为它们的分子或原子组分和 / 或任何已知的物理动力学；独特的人类思想和社会的共同进化伴随着超复杂的实在的出现；通过共同进化 / 社会互动和精心设计的语言符号的高效交流出现的人类意识；通过逻辑或数学、精确语言工具（LM- 逻辑代数、广义 LM- 拓扑、HHvKT、高维代数、ETAS 等类别）符号化计算时空非对易不变量。

时空结构和局部到全局程序解释了人与人的脑裂、脑模型和双侧小不对称的人脑和皮层丘脑模型。什么是意识，极端通信之间的不同逻辑或思想的出现，人类意识与社会互动通信现象，思想，意识和大脑都是非阿贝尔动力学的超复杂的过程。随着高等复杂性的出现，人文思想和社会作为一个动态迭代序列，从非对易逻辑实现。LM 和量子逻辑解释了进化的生命体——共同进化：多稳态的非线性动力学和泛生物模糊性、离散性在更高的同伦和非交对易代数拓扑中计算出来，量子拓扑斯逻辑成为最为基础的逻辑算法基础。

① VICKERS S. Issues of Logic，Algebra and Topology in Ontology［M］. Springer Netherlands，2010.

参考文献

［1］AWODEY S, 2006. Category theory ［M］. Wellington Square: Oxford University Press.

［2］BAIN J, 2011. Quantum field theories in classical spacetimes and particles ［J］. Studies in History & Philosophy of science Part B: Studies in History & Philosophy of Modern Physics, 42（2）: 98-106.

［3］BASTI G, CAPOLIPO A, VITIELLO G, 2017. Quantum field theory and coalgebraic logic in theoretical computer science ［J］. Progress in Biophysics and Molecular Biology, （130）: 39-52.

［4］BASTI G, 2013. A change of paradigm in cognitive neurosciences Comment on: "Dissipation of 'dark energy' by cortex in knowledge retrieval" by Capolupo, Freeman and Vitiello ［J］. Physics of Life Reviews, 10（1）: 97-98.

［5］BASTI G, 2017. The quantum field theory（QFT）dual paradigm in fundamental physics and the semantic information content and measure in cognitive sciences ［M］// DODIG-CRNKOVIC G, GIOVAGNOLI R. Representation of Reality: Humans, Animals and Machine. Berlin NY: Springer Verlag.

［6］BIGAJ T, 2015. Exchanging Quantum Particles ［J］. Philosophia Scientiae, 19（1）: 185-198.

［7］BIGAJ T, 2016. On Some Troubles with the Metaphysics of Fermionic Compositions ［J］. Foundations of Physics An International Journal Devoted to the Conceptual Bases & Fundamental Theories of Modern Physics Biophysics & Cosmology, 46（9）: 1168‐1184.

［8］BIGAJ T, 2018. Are field quanta real objects? Some remarks on the ontology of quantum field theory ［J］. Studies in History and Philosophy of Science Part B: Studies in History and Philosophy of Modern Physics, 62: 145-157.

［9］BLASONE M, JIZBA P, VITIELLO G, 2011. Quantum field theory and its macroscopic manifestations ［M］. London: Imperial College Press.

［10］BLASONE M, SRIVASTAVA Y N, VITIELLO G, et al, 1997. Phase Coherence in Quantum Brownian Motion ［J］. Annals of Physics, 267（1）: 61-74.

［11］BOULARES M, JEMNI M, 2016. Learning sign language machine translation based on elastic net regularization and latent semantic analysis ［J］. Artificial Intelligence Review, 46（2）: 145-166.

［12］BUTTERFIELD J, ISHAM C J, 2002. Topos Perspective on the Kochen‐Specker Theorem: IV. Interval Valuations ［J］. International Journal of Theoretical Physics, 41（4）: 613-639.

［13］CAO T, 1999. The Conceptual foundations of quantum field theory ［M］. Cambridge: Cambridge University Press.

［14］CAO TY, 2003. Structral realism and the interpretation of quntum field theory. Synthese ［M］. Netherlands: Kluwer Academic Publishers.

［15］CAO TY, 2003. Can we dissolve physical entities into mathematical structrures? ［M］. Netherlands: Kluwer Academic Publishers.

［16］CAO TY, Silvan S S, 1993. The philosophy of renormalization of quantum field thoery. Synthese ［M］. Netherlands : Kluwer Academic Publishers.

［17］CHERNYAK V Y , KLEIN J R , SINITSYN N A, 2013. Algebraic topology and the quantization of fluctuating currents ［J］. Advances in Mathematics, 244（13）: 791-822.

［18］CROWTHER K, 2016. Effective spacetime ［M］. Switzerland: Springer.

［19］DIEKS D, 2007. Probability in modal interpretations of quantum mechanics ［J］. Studies in History & Philosophy of ence Part B: Studies in History & Philosophy of Modern Physics, 38（2）: 292-310.

［20］DIVYA C, 2014. Mining Contents in Web Pages and Ranking of Web Pages Using Cosine Similarity ［J］. International Journal of Science & Research.

［21］DOERING A , ISHAM C, 2008. `What is a Thing?': Topos Theory in the Foundations of Physics ［J］. Lecture Notes in Physics, 813: 753-937.

［22］DORMOY J , KOUCHNARENKO O , lANOIX A, 2010. Using Temporal Logic for Dynamic Reconfigurations of Components ［C］// Formal Aspects of Component Software: 7th International Workshop, FACS 2010, Guimares, Portugal, October 14-16, 2010, Revised Selected Papers. Springer-Verlag.

［23］EVA B, 2016. Modality and Contextuality in Topos Quantum Theory ［J］. Studia Logica, 104（6）: 1099-1118.

［24］FLORI C, 2013. A First Course in Topos Quantum Theory ［J］. Lecture Notes in Physics, （16）: 273-306.

［25］FLORI C, 2018. Space Time in Topos Quantum Theory ［M］// A Second Course in Topos Quantum Theory. Switzerland: Springer.

[26] FLORI, CECILIA, 2018. Logic of Propositions in Topos Quantum Theory [M] // A Second Course in Topos Quantum Theory. Switzerland: Springer.

[27] FRASER D, 2011. How to take particle physics seriously: A further defence of axiomatic quantum field theory [J] . Studies in History and Philosophy of Science Part B: Studies in History and Philosophy of Modern Physics, 42 (2) : 126–135.

[28] FRASER D, 2011. How to take particle physics seriously: A further defence of axiomatic quantum field theory [J] . Studies in History and Philosophy of Science Part B: Studies in History and Philosophy of Modern Physics, 42 (2) : 126–135.

[29] FRENCH S, KRAUSE D, 2010. Identity in physics : a historical, philosophical, and formal analysis [M] . Clarendon: Oxford University Press.

[30] FRENCH S, 2004. New Directions in the Philosophy of Science [J] . Philosophy Today, 5 (5) : 3–15.

[31] FREYTES H , DOMENECH G , DE RONDE C, 2014. Physical Properties as Modal Operators in the Topos Approach to Quantum Mechanics [J] . Foundations of Physics, 44 (12) : 1357–1368.

[32] FREYTES H, DE RONDE C, Domenech G, 2017. Semilattices global valuations in the topos approach to quantum mechanics [J] . Soft Computing, 21 (6) : 1373–1379.

[33] GIUSEPPE V, 2014. On the Isomorphism between Dissipative Systems, Fractal Self–Similarity and Electrodynamics. Toward an Integrated Vision of Nature [J] . Systems, 2 (2) : 203–203.

[34] GUIDOLIN D, TORTORELLA C, CARO R D, et al, 2016. Does a Self–Similarity Logic Shape the Organization of the Nervous System? [M] // The Fractal Geometry of the Brain. New York: Springer.

［35］HEUNEN C, LANDSMAN N P, SPITTERS B, 2011. Bohrification of operator algebras and quantum logic［J］. Synthese, 186（3）: 719-752.

［36］HOWARD D, FRAASSEN B C V, OTÁVIO B, et al, 2011. The physics and metaphysics of identity and individuality［J］. Metaence, 20（2）: 225-251.

［37］HUYNH V N, NAKAMORI Y, HO T B, et al, 2004. A context model for fuzzy concept analysis based upon modal logic［J］. Information Sciences, 160（1-4）: 111-129.

［38］JANSON N , MARSDEN C J, 2019. Dynamical system with plastic self-organized velocity field as an alternative conceptual model of a cognitive system OPEN［J］. Scientific Reports, 7: 17007.

［39］KUHLMANN M, 2010. The ultimate constituents of the material world［M］// The Ultimate Constituents of the Material World.

［40］LIU C, 2016. Against the New Fictionalism : A Hybrid View of Scientific Models［J］. International studies in the philosophy of scien, （1）: 39-54.

［41］MÜLLER T, 2014. Things in Possible Experiments: Case-Intensional Logic as a Framework for Tracing Things from Case to Case［M］// New Directions in the Philosophy of Science.

［42］NAKAYAMA K, 2008. Topos-Theoretic Extension of a Modal Interpretation of Quantum Mechanics［J］. International Journal of Theoretical Physics, 47（7）: 2065-2094.

［43］RASETTI M, MERELLI E, 2017. Topological field theory of data: mining data beyond complex networks［M］// CONTUCCI P, GIARDIN C. Advances in Disordered Systems, Random Processes and Some Applications. Cambridge: Cambridge University Press.

［44］SAING, PAUL, HOU, et al, 2015. A Mechanistic Neural Field

Theory of How Anesthesia Suppresses Consciousness: Synaptic Drive Dynamics, Bifurcations, Attractors, and Partial State Equipartitioning [J]. The Journal of Mathematical Neuroscience (JMN), 5 (1): 20.

[45] SANGIORGI D, RUTTEN J J M, 2012. Advanced Topics in Bisimulation and Coinduction [M]. New York: Cambridge UP.

[46] SCHROER B, 2010. Localization and the interface between quantum mechanics, quantum field theory and quantum gravity I [J]. Studies in History and Philosophy of Modern Physics, (41): 104 - 127.

[47] SMEENK C, et al, 2011. Introduction: philosophy of quantum field theory [J]. Studies in History & Philosophy of Science Part B Studies in History & Philosophy of Modern Physics.

[48] VITIELLO G, 2012. Fractals, coherent states and self-similarity induced noncommutative geometry [J]. Physics Letters A, 376 (37).

[49] VITIELLO G, 2015. The use of many-body physics and thermodynamics to describe the dynamics of rhythmic generators in sensory cortices engaged in memory and learning [J]. Current Opinion in Neurobiology, 31: 7-12.

[50] VON KEYSERLINGK C W, SIMON S H, ROSENOW B, 2015. Enhanced Bulk-Edge Coulomb Coupling in Fractional Fabry-Perot Interferometers [J]. Physical Review Letters.

[51] WAN K H, DAHLSTEN O, KRISTJÁNSSON H, et al, 2017. Quantum generalisation of feedforward neural networks [J]. Npj Quantum Information, 3 (1): 36.

[52] ZELINKA I, SUGANTHAN P N, CHEN G, et al, 2014. Nostradamus 2014: Prediction, Modeling and Analysis of Complex Systems [J]. Advances in Intelligent Systems & Computing, 289.

[53] ZHANG Y R, ZENG Y, FAN H, et al, 2017. Characterization of

topological states via dual multipartite entanglement［J］. Physical Review Letters, 120（25）.

［54］爱因斯坦, 1976. 爱因斯坦文集: 1, 2, 3卷［M］. 许良英, 李宝恒, 赵中立, 译. 北京: 商务印书馆.

［55］爱因斯坦, 2009. 广义及狭义相对论［M］. 易洪波, 李智谋, 编译. 重庆: 重庆出版社.

［56］曾谨言, 1998. 量子力学导论［M］. 北京: 北京大学出版社.

［57］查尔默斯, 2001. 科学究竟是什么［M］. 鲁旭东, 译. 北京: 商务印书馆.

［58］戴维斯, 2018. 上帝与新物理学［M］. 徐培, 译. 长沙: 湖南科学技术出版社.

［59］狄拉克, 1982. 量子场论的起源［J］. 科学史译丛, （2）: 7.

［60］费曼, 温伯格, 2003. 从反粒子到最终定律［M］. 长沙: 湖南科学技术出版社.

［61］郭贵春, 1991. 当代科学实在论［M］. 北京: 科学出版社.

［62］郭贵春, 1992. 语义分析方法与科学实在论的进步［J］. 中国社会科学, （1）: 54–64.

［63］郭贵春, 2001. 科学实在论教程［M］. 北京: 高等教育出版社.

［64］郭贵春, 2002. 语境与后现代科学哲学的发展［M］. 北京: 科学出版社.

［65］郭贵春, 2004. 科学实在论的方法论辩护［M］. 北京: 科学出版社.

［66］郭贵春, 2005. "语境"研究的意义［J］. 科学技术哲学研究, 22（4）: 1–4.

［67］郭贵春, 2007. 隐喻、修辞与科学解释［M］. 北京: 科学出版社.

［68］贺天平, 郭贵春, 2008. 量子力学的模态解释及其方法论［M］. 北京: 科学出版社.

［69］洪定国, 2001. 物理实在论［M］. 北京: 商务印书馆.

［70］怀特海，2000．过程与实在：卷一［M］．周邦宪，译．贵阳：贵州人民出版社．

［71］黄艳华，江向东，2001．基本粒子探测［M］．上海：上海科技教育出版社．

［72］黄艳华，江向东，2001．诺贝尔奖百年鉴：基本粒子探测［M］．上海：上海科技教育出版社．

［73］霍金，2002．时间简史：从大爆炸到黑洞［M］．长沙：湖南科学技术出版社．

［74］卡尔纳普，1999．世界的逻辑构造［M］．陈启伟，译．上海：上海译文出版社．

［75］刘高岑，2003．从语言分析道语境重建［M］．太原：山西科学技术出版社．

［76］罗嘉昌，1996．从物质实体到关系实在［M］．北京：中国社会科学出版社．

［77］马蒂尼奇，2006．语言哲学［M］．牟博，杨音莱，韩林合，等译．北京：商务印书馆．

［78］马中骐，1998．物理学中的群论［M］．北京：科学出版社．

［79］派斯，2002．基本粒子物理学史［M］．关洪，杨建邺，王自华，等译．武汉：武汉出版社．

［80］皮克林，2012．构建夸克：粒子物理学的社会学史［M］．王文浩，译．长沙：湖南科学技术出版社．

［81］丘齐兰德，2008．科学实在论与心灵的可塑性［M］．张燕京，译．北京：中国人民大学出版社．

［82］阮一峰，2017．熵：宇宙的终极规则［J］．财新周刊，（17）：84-84．

［83］史璟，2011．余代数与模态逻辑［J］．西南大学学报（社会科学版），37（4）：87-93．

［84］舒茨，1986．数学物理中的几何方法［M］．上海：上海科学技术

文献出版社.

［85］斯莫林，2017．时间重生［M］．钟益鸣，译．杭州：浙江人民出版社.

［86］万小龙，2005．全同粒子的哲学问题［J］．哲学研究，（2）：112-117.

［87］王正行，2014．简明量子场论［M］．北京：北京大学出版社.

［88］谢诒成，勾亮，2001．诺贝尔奖百年鉴：场论与粒子物理［M］．上海：上海科技教育出版社.

［89］薛晓舟，王再军，1993．粒子物理学中真空概念的发展［J］．自然辩证法通讯，15（1）：59-66.

［90］薛晓舟，张会，1994．量子场论的哲学问题［J］．自然辩证法研究，（1）：49-54.

［91］薛晓舟，张会，1996．现代物理学哲学问题［M］．郑州：河南大学出版社.

［92］杨建邺，1997．海森堡和量子统一场论［J］．现代物理知识，（5）：40-44.

［93］杨政宁，1980．场论与粒子物理学［M］．北京：科学出版社.

［94］赵丹，2011．量子测量的语境论解释［D］．太原：山西大学.

［95］赵国求，1995．运动与场［M］．北京：冶金出版社.

［96］赵国求，2017．论如何消解物理学中现象对观察者的主观依赖性［J］．江汉论坛，（6）：54-59.

［97］赵国求，万小龙，吴新忠，等，2000．量子力学曲率解释［J］．科技进步与对策，（11）：141-143.

［98］赵凯华，陈熙谋，1984．电磁学［M］．北京：高等教育出版社.

［99］赵凯华，钟锡华，2016．光学［M］．北京：北京大学出版社.

［100］赵仲牧，2000．物理场论对哲学思考的提示［J］．思想战线，（5）：5-10.

［101］郑祥福，1995．范·弗拉森对概率问题的反实在论分析［J］．科

学技术哲学研究，12（1）：24-29.

［102］郑祥福，1998. 论范. 弗拉森语用学的科学说明观［J］. 自然辩证法通讯，20（4）：9-14.

［103］周礼全，1986. 模态逻辑引论［M］. 上海：上海人民出版社.

附　录

哲学与生活世界

场

麦克斯韦偷盗了上帝的密钥

铸造了电磁场方程组的辉煌

从此以后人类有了终极方向

爱因斯坦爱不过来的美女

短暂的美好时光

相对论的惆怅

宇宙各处长长短短的时间

却又是可以计算的不等的共享

薛定谔的猫

波方程的诡异档案

福克空间的桥梁

迈向未知的更广阔的纤维丛联络

点集拓扑 共形场 量子拓扑场
真空 凝聚态 高能核反应脑物质 生活材料
原来都一样
只是一张百变的脸
看不清本来模样

真空

我是孤独的真空
上帝偶然路过

掀起千万对的涨落
旋转跳跃 旋转跳跃
生成湮灭 生成湮灭
光子对 正负电子对

残骸
堆积
成宇宙中的座座孤岛
只留 3 千万米每秒的纠缠
诉说着轮回中的恩怨

神经网络计算机的本质

一种对不同随机环境做瞬时决策的计算机

一定要具备机动灵活地对环境提供的各种信息能量的结构化吸纳使用的能力

这种处理随机性的能力是基因 量子的本质能力

如何把基因 量子恰当地转化

安排好它们的角色发挥它们的能力才是根本

比如植物叶绿素的光合作用

动物消化呼吸心跳

也很好地系统化处理了基因 量子过程

不同物种能力之间互相可以翻译

这个是能量、量子、波的统一作用和意义

今年（2020）诺贝尔奖光学镊子类似这样的量子

光是能量结构化的存在，一份一份的量子波，熵是能量的混乱度，倾向于混乱最大化，但是局域性传导束缚态的速度有限，这样局域最大化的最后结果就是宇宙空间不同局域精细结构化的能量存在方式以及不同结构之间熵的动态互动，成为演化的动力来源

各种传感器的原理就是各种形式的振荡能量互相转化

意识的本质是局域最佳适应性 生命多样性和进化就是（由此）造成的

上帝和光

如果上帝有自画像，那一定是光。

一只太少，三只太多，两个正好，那是生灵的眼睛，观察你的模样。

绿色不够，黄色不够，多彩才对，和叶绿素一起，随意泼洒的魑魅魍魉。

灵魂做刀，舍离间，窥见你的笑——你要乖哦！

熵 宇宙自我意识

我是能量
我是光
我是宇宙的熵
在四海八荒涤荡

振荡 振荡
夸克和中子 光子和电子的合唱
如果不曾有相遇的喜悦
怎会体会分离的感伤
所以宇宙意识啊
怎能不是大脑的模样
感受喜怒哀乐人生无常

眼睛耳朵的颤抖
宇宙自我意识的灵魂碰撞
名字就叫熵
混乱的度量
其实是我生命的力量
万物生长
混沌风暴的刹那

量子拓扑的网
在神经元之间传送能量